새로운 삶의 가치 농업의 미래,

귀농·귀촌의 모든 것

김성수 글·그림

도서출판 행복에너지

새로운 삶의 가치 농업의 미래,

귀농·귀촌을 하려면

초판 1쇄 발행 2021년 12월 15일

지 은 이 김성수
발 행 인 권선복
편 집 오동희
디 자 인 박현민
전 자 책 오지영
발 행 처 도서출판 행복에너지
출판등록 제315-2013-000001호
주 소 (07679) 서울특별시 강서구 화곡로 232
전 화 010-3267-6277
팩 스 0303-0799-1560
홈페이지 www.happybook.or.kr
이 메 일 ksbdata@daum.net

값 20,000원
ISBN 979-11-5602-944-1 13520

들어가며

귀농·귀촌에 관한 책들은 이미 시중에 많이 나와 있다. 책을 통한 더 이상의 도움이 필요 없을 정도로 다양하다. 그렇지만 수많은 별 중에 빛나는 별이 있듯이 이 책이 귀농·귀촌을 희망하는 독자 여러분이 새롭게 찾는 유익한 책이 되기를 기대하며 발간하게 되었다.

필자는 농업인도 아니며, 더구나 귀농·귀촌을 아직 하지 않은 입장이다. 다만 1차 산업인 농업생산 기반을 근간으로 2차 산업인 식품가공과 3차 산업인 유통 관광 IT 서비스를 융·복합한 농촌 6차 산업화를 선도하는 (사)한국농식품6차산업협회장을 맡고 있다. 전국의 수많은 농산어촌 현장을 누비며, 우리 농업의 현실을 몸소 부딪치며 체험해오고 있다. 특히 귀농·귀촌의 사례별 실상을 누구보다 잘 알고 있기 때문이다.

2019년 펴낸 『6차산업과 한국경제 농업이 미래다』 이후의 속편이다. 농업이 미래가 되기 위해서는 귀농·귀촌을 통한 행동과 실천에 의해서만 이뤄질 수 있다. 농업이 어려운 만큼 농촌 생활도 쉽지 않다. 그러다 보니 귀농·귀촌에 대한 결심 역시 쉽지 않고 망설일 수밖에 없다. 이러한 어려움을 극복하고 도시인이면 누구나 꿈꾸고 있는 귀농·귀촌 문제를 어떻게 풀어 볼 것인가를 고민하게 되었다. 명쾌한 해답은 되지 못하겠지만 귀농·귀촌에 대한 새로운 접근 방법을 통해 남다른 시각으로 귀농·귀촌을 해석하고자 했다. 삶의 가치와 농업의 미래를 결합해 귀농·귀촌에 대한 숙제에 가치적 사고로 접근을 시도해 보았다. 우리의 삶과 농업의 가치를 경제적 측면으로 바라볼 것이 아니라 수치로는 평가할 수 없는 무형의 가치를 재조명해 보았다. 다분히 철학적 시각으로 바라보자는 의미다. 농업은 산업 경제적 가치를 넘어 공익적 가치를 더 높게 평가받고 있다. 우리가 살아가는 의미에도 돈보다 더 중요하게 여기는 저마다 가진 삶의 가치가 있다. 가치란 남이 재배한 농산물의 가치는 농산물 시세에 불과하지만, 본인이 손수 재배한 농산물이라면 그 가치는 돈으로 매길 수 없다.

이 책에서는 귀농·귀촌에 대한 접근과 도움을 드리기 위해 농업뿐만 아닌 경제와 경영은 물론 유통, 농산물 판로 개척을 위한 영업과 마케팅에 관한 경험과 사례를 많이 소개하려고 노력했다. 농업이 생산으로 끝나는 것이 아니고 경쟁이 치열해진 농산물 유통시장에서 판로확보를 통한 판매가 전제되어야 한다. 소위 농사꾼에서 장사꾼으로 변신하지 않고서는 농업경영인으로서 소기의 성과를 달성할 수 없기 때문이다. 국가와 기업도 지도자의 국정과 경영자질에 의해 성패가 좌우된다. 결과적으로 귀농·귀촌도 농업 경영이라는 틀에서 접근해야 한다. 본인이 알아야 귀농·귀촌에 실패하지 않는 건 당연한 이치다. 귀농·귀촌에 성공하기 위해서는 자질을 충분히 갖추는 것이 무엇보다 중요하다.

본 책은 제1장 '누구나 꿈꾸는 낙원(樂園)'에서 시작하여 제6장 '인생이 곧 자연인 것을'을 끝으로 구성되었다. 말하자면 귀농·귀촌을 꿈꾸는 단계에서 귀농·귀촌에 정착하기까지의 일련의 준비 과정과 실행에 옮겨야 할 내용을 순서대로 기술하였다. 특히, 제5장 '손수 땀 흘린 대가로 찾은 행복'에서는 제각기 다른 아홉 분의 귀농·귀촌 및 귀향 이야기를 소개하는 데 역점을 두었다.

저마다 입장과 견해에 따라 농업과 귀농·귀촌을 바라보는 시각이 다를 수밖에 없다. 새로운 삶과 농업의 가치에 공감한다면 귀농·귀촌을 통해 새로운 길을 찾기 바란다. 지나친 낙관과 자신감, 성급함은 금물이지만, 어차피 마음에 둔 귀농·귀촌 계획이라면 의사결정을 분명히 할 필요가 있다. 우리는 누구나 삶 가운데 힘든 결단을 요구받고 있다. 기회에 대한 선택이기도 하다. 의사결정과정은 귀농·귀촌에 대한 목표와 계획 설정, 상황 검토와 판단, 의사결정에 의한 선택, 귀농·귀촌 실행으로 이뤄지게 된다.

의사결정을 미루다 보면 기회를 놓치는 경우는 허다하다. 우리의 인생은 누구나 무한할 수 없다. 부동산 시세가 비싸다고 망설이다 보면 몇 년 지난 뒤 가격이 많이 올라 살 수 없게 된다. 삶의 진로 결정과 귀농·귀촌도 이와 다를 바 없다. 마음먹었다면 놓치기 전에 꽉 잡아야 한다. 머뭇거릴 필요 없이 빠를수록 후회하지 않는다. 귀농·귀촌 역시 주변의 의견과 눈치를 볼 필요 없이 자신의 삶을 스스로 주도하기 위해서는 소신 있게 결정해야 한다.

농사에 대한 어린 시절의 추억은 억척같은 농부의 삶을 사셨던 할아버지를 떠올리게 된다. 바닷가를 낀 지역이라 농지가 부족한 척박한 환경에서 부지런함과 지혜로 그 지역에서 가장 큰 면적의 논 다섯 마지기 (1,000여 평)을 소유하는 모습을 보았다. '땀과 흙은 배신하지 않는다'라는 진리를 어릴 때 할아버지를 통해 일찍이 알게 되었다. 지금도 농촌에 대한 어린 시절의 추억이 아련하다. 논에 모내기하는 날이면 마을 잔치나 다름없었다. 논두렁에서 풋풋한 밀가루 냄새가 정겹게 풍기던 수제비의 맛은 지금도 잊을 수 없다. 할아버지와 가장 아름답고 사랑이 넘치는 추억은 손자 생일을 위해 양지쪽 일찍 익은 햇벼를 손수 타작해 생일상을 차려 주셨던 기억이다. 이른 아침 갯가로 나가 낚시질한 생선회를 반찬으로 매일 아침 해 주셨던 손자에 대한 정성과 사랑을 평생 잊지 않고 살아오고 있다. 지금 생각해 보면 할아버지는 분명 농부로 성공한 농사꾼이었다. 아들과 손자는 할아버지와 비교해 보면 딱히 성공한 삶을 살지 못한 것 같다. 몸에 밴 성실함은 할아버지로부터 물려받았다. 내가 꿈꾸는 귀향에 대한 로망은 할아버지의 삶에서 깊은 영향을 받았으며, 출발점이기도 하다.

현대그룹 故 정주영 회장이 말년 숙원사업으로 우리나라 영토를 바꾼 현대서산농장을 개척했다. 손톱이 닳아 없어질 정도로 돌밭을 일궈 한 뼘 한 뼘 농토를 만드신 아버지께 바치고 싶었던 때늦은 선물이라고 고백했다. 농업이 인간의 필수자산이라 강조하기도 했다. 사례로 소개된 LG그룹 故 구자경 명예회장 역시 70세에 그룹 경영일선에서 물러났다. 본인이 설립한 천안 연암대 인근에서 버섯 농사를 하며, 94세의 일기로 생을 마감했다. 두 분 모두 농업에 대한 가치를 삶을 통해 실천해 보였다.

이 책을 쓰게 된 동기는 우물을 파는 노력도 쉽지 않은 일이지만, 그 물을 목마른 사람에게 퍼 나르는 일과 역할이 더 중요하다고 생각했다. 우물을 파는 일이 소극적이라면 직접 물을 퍼 나르는 행동은 더욱 적극적인 태도다. 필자가 이제껏 현장에서 터득한 경험과 지식을 우물에 비유한다면 우물을 퍼 나르는 일은 귀농·귀촌에 망설이는 목마른 독자에게 이 책을 통해 갈증을 해소하기 위해서다. 참고로 책 속의 그림들은 필자가 틈새 시간을 활용해 틈틈이 취미로 직접 그린 그림을 사용했다. 사진보다는 그림이 시골을 떠올리며 귀농·귀촌 생활을 연상하는 데 더욱 정감이 갈 것으로 생각했기 때문이다.

우리의 농어촌과 농어민은 더욱 힘들어지고 있다. 지역소멸이라는 무거운 난제를 안고 있기 때문이다. 지역소멸은 농어촌을 말하며, 농어업의 쇠락을 의미한다. 다행히 노무현 정부 때 국가균형발전을 위한 신행정수도와 공공기관 지방 이전 등을 통한 혁신도시가 건설되었다. 세종시는 물론 112개의 공공기관이 지방으로 이전되었다. 지역의 경제인구 증가로 침체되었던 지방이 활력을 되찾기 시작했다. 당시 서울로만 올라오던 이삿짐 보따리를 다시 지방으로 내려보내는 전환점을 만들고자 했다. 전국이 개성 있게 골고루 잘사는 나라를 만드는 것이 희망이었다. 도농이 함께 상생해야 국민이 모두 행복한 나라가 될 수 있다. 귀농·귀촌을 꿈꾸는 독자 여러분! 우리 농촌과 농업이 미래의 자원과 가치로 인식된다면 주저하지 말고 지방 소멸을 막는 파수꾼이 되어야 한다. 귀농·귀촌·귀향은 우리가 태어나 자란 고향을 되살리는 길이다. 여러분의 귀농·귀촌 선택이 농어촌의 목마름을 적시는 마중물이 되었으면 하는 간절한 바람이다.

회색빛 회의적인 도회지를 떠나 파릇한 생명력이 넘치는 시골로 삶의 터전을 옮기는 기회가 되길 바란다. 젖과 꿀이 흐르는 가나안 땅은 메마른 사막이었다. 그에 반해 우리의 땅은 옥토이다. 사막도 마음먹기와 가꾸기에 따라 가나안 땅이 될 수 있다. 하물며, 이삭은 흉작에도 불구하고 100배의 수확을 하기까지 했다. 왜? 진작 빨리 내려오지 못했을까? 여러분의 인생이 분명 새로워질 것을 자신 있게 확신한다.

2021년 정월

晩秋 김성수

새로운 삶의 가치 농업의 미래, 귀농·귀촌의 모든것

발간 추천사

청년이여, 농업에 투자하는 농부의 삶이 블루오션이다. "농업 선진국인 네덜란드나 독일에서는 젊은이가 농업에 종사하는 것을 떳떳하고 자랑스러운 시선으로 보고 있다."

이 책을 통해, 우리 청년이여. 열정을 갖고 생명 산업인 미래농업에 도전, 귀농을 선점하는 게 정답이다. "사하라 사막의 은색 개미처럼 60~70도의 고온을 이겨내고 자연에 순응하며 살아남는 법을 배워" 청년 창업농에 지원, 미래 농어촌 리더의 기회를 붙잡기를 바란다.

정일택 前 영동군 부군수

저자인 김성수 박사님과는 (사)한국농식품6차산업협회를 통해 인연을 맺게 되었습니다. 저자는 누구보다 농촌, 농업, 농민에 대한 남다른 열정이 넘치는 분입니다. 이 책은 귀농·귀촌인의 길라잡이가 되어 농업인에게 가치관을 정립하고 성공적인 귀농·귀촌에 이바지하리라 믿습니다. 본인이 적지 않은 나이에 도회지 생활을 청산하고 귀농을 결단했던 감회가 새롭습니다. 야산을 개간하여 산야초 농원을 조성하기 위한 땀과 노력의 결과가 본인에게는 귀농·귀촌이 안겨준 '삶과 농업에 대한 가치'라 생각합니다. 시의적절(時宜適切)한 시기에 귀농·귀촌 주제의 책을 펴낸 수고에 감사드립니다.

이평재 전남광양 부저농원 대표 / 농촌진흥청 농업기술명인

만추(晩秋) 김성수 선배님의 삶의 현장에서 얻은 지식과 경험을 후배들에게 귀한 남김으로 주신 점에 진심으로 존경하고 축하드립니다. 예부터 농자천하지대본을 중시한 우리의 역사는 단순히 먹고 사는 문제만이 아닌 문화와 역사를 담은 삶의 근본입니다.

지금의 시대정신에 맞게 '귀농·귀촌이 정답이다.'라는 명제로 정부와 독자들에게 귀한 우리의 혼이 담긴 새로운 삶의 가치, 농업의 미래를 저술하신 점에 존경을 표합니다.

유럽 국가에서는 농어업의 가치를 국가의 기본으로 하여 헌법에 넣어서 관리하고 있습니다. 선배님의 경험과 지혜가 담긴 『귀농·귀촌의 모든것』 지침서가 하나의 실마리가 되어 헌법적 가치에 반영이 되는 계기가 되길 기원합니다.

현재 사단법인 한국농식품6차산업협회장으로 전국 농어촌의 삶의 현장으로 달려가시는 건강함을 오래오래 간직하면서 대한민국의 미래와 정신을 계속 심어 주시길 기대하면서 다시 한번 『귀농·귀촌의 모든것』 출간을 축하합니다.

임영태 사단법인 한국섬중앙회 상임이사

농촌현장에 수십 년을 살면서 새로운 꿈을 꾸며 시골에 자리 잡은 분들을 많이 접해볼 기회가 있었다. 세월이 흘러 잘 정착하신 분들이 많다. 농촌 생활을 즐기며, 시간적으로도 여유로운 분들이 많아졌다. 또한, 톡톡 튀는 아이디어를 농업에 적용해 시대를 선도해 가는 분들도 많이 만나 보았다. 다시는 도시에 돌아가고 싶지 않다고 이야기하며 현재의 농촌 생활과 삶에 만족해하신다.

그런가 하면 일부는 동네에서 적응하지 못하고 힘겹게 살아가거나 다시 도시로 향하는 분들도 간혹 보았다. 그 차이는 무엇일까? 열린 마음과 함께 넉넉하게 이끌어 주는 귀농·귀촌에 대한 사전 정보라고 생각한다. 금번 존경하는 김성수 한국농식품6차산업협회장의 『귀농·귀촌의 모든것』 신저(新著)는 귀농·귀촌을 꿈꾸는 많은 분에게 훌륭한 길잡이가 될 것이라고 말하고 싶다.

박상구 농촌진흥청 국립농업과학원 유기농과장 / 농학박사

과거 탈농촌시대가 있었습니다. 최근에는 탈 도시화 추세가 일어나고 그 중심에 귀농·귀촌이 자리 잡고 있습니다.

이 책은 이러한 추세에 맞추어 귀농·귀촌에 대한 준비사항을 사례 중심으로 잘 소개하고 있습니다. 또한, 귀농·귀촌에 대한 새로운 접근을 시도하였습니다. 새로운 삶의 가치로 농업의 미래를 위한 소명과 철학을 담고 있는 점이 특징입니다. 농업의 경제적 가치를 넘어 공익적 가치와 무형의 가치를 강조하고 있습니다.

특히, 귀농·귀촌을 준비하는 단계에서 정착하고 성공하기까지 전 과정을 저자의 유통산업과 농업 6차산업 현장 경험을 토대로 하고 있어 귀농·귀촌을 희망하는 분들께 매우 유익한 지침서가 될 것입니다.

김재수 前 농림축산식품부 장관 / 동국대학교 석좌교수

이 책을 읽으면서 바람은 "청·장년이 함께 어울리는 농촌이 되길 희망해 봅니다." 책을 단숨에 읽으면서 처음에는 간명한 수묵화 같은 느낌에서 중반부터 각양각색의 색채를 가진 수채화로 변모하는 느낌이 들었습니다. 다양한 인생 여정을 곁눈질할 수 있는 재미 만점의 여행기 같았습니다.

경상북도가 지향하는 청년과 장년이 어울리는 농촌, ICT로 무장한 스마트 농업, 새마을운동 정신의 승계와 발전, 경영철학으로 무장한 혁신적인 리더의 중요성 등에 대해 다시 한번 더 고민하게 되었습니다. 유익한 책을 펴낸 필자의 노고에 감사드립니다.

하대성 경상북도 경제부지사

2004년 가을, 나는 도시 생활을 과감히 접고 아내와 함께 강원도 양양 오지마을 화전민촌이었던 느르리골에 귀산촌하고 6년 뒤인 2010년 마을 이장이 되었다. 산골 마을에서 힐링과 치유를 통한 농산어촌 6차산업 성공사례로 김성수 박사의 저서 『농업이 미래다』에 소개되었다. '귀농산어촌' 하게 되면 농업, 임업, 어업으로만 생각하는데 나는 도시 생활에 지친 사람들이 몸 달래, 마음 달래기 위한 힐링과 치유의 공간을 구상했다. 시작은 산에서 나는 자연산 식재료로 산촌형 농가 맛집인 달래촌 식당을 시작했다. 먹거리 X파일의 착한 식당에 선정되었다. 이후 숙박과 휴양을 위한 힐링캠프로 확장하였다. 현재 '山이 정원'이라는 브랜드로 산림을 개발 중이다.

인생을 어떻게 사는 것이 잘사는 것인지 답이 없듯이 귀농·귀촌도 정답이 아니라는 개인적인 생각도 들지만, 포스트 코로나 시대에 모든 사람의 꿈과 희망인 새로운 삶의 가치 창조를 위한 인생 2막인 귀농·귀촌인 것만은 분명해졌다.

"나는 18년 전 도시를 떠나 첩첩산중 오지 산골로 들어와 앞만 보고 달려왔다. 이제는 멈추고 내려놔야겠다. 쉼이 필요하다." 최근 나의 독백이다. 우리의 삶은 도시에서 살아도 시골에 살아도 힘든 것은 마찬가지다. 사람도 산도 안식년이 필요하듯이 잠시 쉬어가는 것도 좋을 것이다. 18여 년을 버티게 해준 힘은 아내며, 부부 합심이 귀농·귀촌의 원동력이다. 이 책은 귀농·귀촌을 어떻게 준비하고 실행해야 제대로 정착하여 성공을 거둘 수 있는지에 대한 실례를 중심으로 소개하고 있다. 귀농·귀촌을 망설이는 분들에게 그 궁금증을 풀어 명쾌한 해답을 제시해 주는 안내서가 될 것이다.

김주성 양양 달래촌 힐링캠프, 山이 정원 / 촌장

『귀농·귀촌의 모든것』 초고를 다 읽어 냈다. 이미 28년 전에 낯선 객지에 귀농하여 농업을 시작하고 정착한 나에게도 이 책을 읽다 보니 한 줄 한 줄이 넘기기 아까운 지식과 현실을 분석한 내용이라 한 페이지를 넘기는 데 시간이 오래 걸렸다. 특히 필자의 다양한 시각에서 귀농·귀촌을 접근한 사례 분석과 대안 제시는 귀농·귀촌 과정에서 시행착오와 실패를 줄이기 위해 반드시 읽어야 하는 참고서라는 생각이 든다.

강용 (사)한국농식품법인연합회장 / 학사농장 대표

생명 산업인 농업 임업 어업은 하나며, 산과 들 바다와 섬도 하나다. 특히 1차 산업은 한 나라 경제와 산업의 뿌리다.

농림 단체를 함께 이끄는 동지인 김 회장이 펴낸 『귀농·귀촌의 모든것』은 김 회장의 전작 『농업이 미래다』의 후속격인 책이다.

지속 가능한 농림업 발전을 통해 농림업이 우리 경제의 미래가 되기 위해서는 귀농·귀산이 선행되어야 한다. 귀농이 사회적 이슈와 관심의 대상이 되는 시의 적절한 시기에 출간하게 됨을 누구보다 환영한다. 특히 이 책 속의 귀농·귀촌에 대한 다양하고 생생한 현장 목소리는 새로운 농림업을 꿈꾸는 모든 분의 길잡이가 될 것을 확신한다.

이제는 산업사회의 복잡한 도시 생활을 정리하고 자연 속에서 인간다운 삶을 영위하기 위한 유일한 대안으로 귀산촌이 답이다. 코로나 사태 등에 가장 안전지대가 산촌임이 입증되었다.

아무쪼록 이 책이 농림업계는 물론 귀농·귀산을 꿈꾸는 많은 분께 보급되어 귀산촌을 통해 '林과 함께'하기를 희망한다. 유익한 책을 집필한 노고에 1만여 임업후계자를 대표해 감사드린다.

최무열 (사)한국임업후계자 협회/ 회장

Prologue

귀농이 어렵다고요?
자식 농사(農事)보다는 쉽습니다

귀농(歸農)·귀촌(歸村) 결단이 우선입니다
일단 한번 도전해보시라니까요?

귀농·귀촌, 농사가 어렵다고요?

물론 쉽지 않은 것도 농사입니다.

그렇지만 자식 농사보다는 쉽다고들 합니다.

그렇다면 더 늦기 전에 도전해볼 만한 것도 농사가 아닐까요?

귀농·귀촌을 망설이는 이유 중 가장 큰 원인은 선뜻 결정하지 못하는 본인의 선택과 결단입니다.

"여보! 올봄에는 도시 생활을 정리하고 시골로 내려가기로 해요. 농사가 어렵다고들 하지만 자식 농사보다 쉽다고 합니다."

이 책을 통해 귀농·귀촌을 망설이는 독자 여러분의 결심에 도움이 되기를 기대합니다.

삼성그룹 창업자 고(故) 이병철 회장이 자식 농사가 가장 힘들고 어렵다고 토로(吐露)한 일화가 있습니다.

이 회장이 경영에 실패한 2가지 사업과 또 하나의 실패로 자식 농사를 꼽았다.

첫째는 조미료 사업에서 제일제당의 '미풍'이 당시 '미원'을 이기지 못했다는 사실, 그 시절에는 조미료를 달라고 하지 않고 미원을 달라고 할 정도였다. 소주를 살 때도 두꺼비 진로(眞露)를 달라고 했던 불멸의 독과점 시대였다.

이는 트렌치코트의 대명사가 된 영국의 버버리(BURBERRY)와 같은 셈이다.

둘째는 중앙일보가 동아일보를 이길 수 없었다는 점

지금은 신문사 하면 조중동(朝中東)을 꼽지만 이 회장 당시에는 그렇지 못했다.

셋째가 자식 농사의 실패?라고 할 만큼 이 회장은 자식들을 서

울대에 보내려 했던 아버지의 꿈이있었지만 단 한 명도 서울대 문턱을 넘어서지 못한 것을 두고 자식 농사가 가장 어렵다고 이야기했던 것이다.

『호암의 경영철학』에서 술회(述懷)한 바와 같이 삼성그룹 창업주로서 숱한 역경을 이기고 불굴의 의지로 사업에는 성공했지만, 개인적으로 자식 농사는 부모가 마음먹은 뜻대로 되지 않는다고 실토(實吐)했다.

여러분의 자식 농사는 어떻습니까?

성공, 실패, 평년작, 제각기 생각에 따라 차이가 있겠지만 제 자식 농사는 평년작 이상으로 봅니다. 필자도 서울대에 고배를 마셨지만, 늦깎이로 박사학위까지 취득했으니 평년작이라 생각합니다.

농사의 경우 냉해 태풍 등 자연재해와 수요 공급의 불일치 등으로 생기는 흉작과 실패에 비하면 평년작의 농사는 성공한 것과 마찬가지로 봐야 합니다. 자식 농사도 어렵지만, 농사 또한 쉽지 않은 것이 사실이기 때문입니다.

그러기에 쇠락과 소멸이 우려되는 우리 농산어촌과 농림어업이 미래가 되기 위해서는 농림어업을 되살리려는 국민적 인식전환과 동참이 요구되는 시대입니다.

농산어촌을 꿈꾸지만, 아직도 귀농(歸農)·귀촌(歸村)이 어렵게만 생각되어 망설이는 도시인에게 더욱 손쉽게 귀농·귀촌에 대한 명쾌한 해답과 길잡이가 되어 드리겠습니다.

이 책에서는 제2의 행복한 삶의 터전이 될 수 있도록 귀농·귀촌 유형별 성공과 실패 사례를 구체적으로 제시했습니다. 꿈이 현실이 되기 위해서는 지금 당장 실천에 옮기는 용기 있는 행동이 필요합니다.

배는 바다를 항해할 때 배의 진가를 발휘하는 것처럼, 사람도 뜻한 바를 위해 현장 속으로 나아갈 때 비로소 존재 가치가 있다고 봅니다.

'왜요?'라고 더 이상 묻지도, 의심하지도 말고 긍정의 힘으로 여러분이 꿈꾸는 미래의 땅, 우리의 농촌 농업 농민의 더 나은 희망찬 미래를 생각하면서 더는 망설이지 말고 귀농·귀촌의 힘찬 닻을 올리기 바랍니다. 농산어촌은 여러분의 귀환(歸還)을 기다리며, 열렬히 환영할 것입니다.

목차

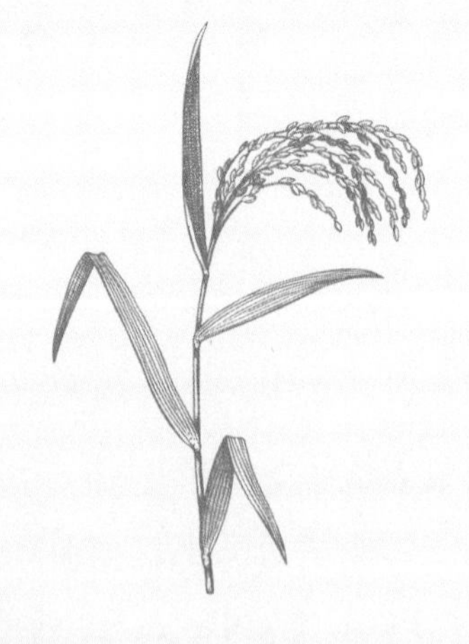

제4장
한 알의 열매를 얻기까지

제5장
손수 땀 흘린 대가로 찾은 행복

제6장
인생이 곧 자연인 것을...

제1장

누구나 꿈꾸는 낙원(樂園)

왜! 우리는 농어촌을 그리워하며 꿈꾸는가?

우리는 힘들 때 그리워하는 고향을 떠올리듯 누구나 꿈꾸는 낙원이 있게 마련이다. 대중가요 가사처럼 저 푸른 초원 위에 그림 같은 집을 짓고~ 온통 회색빛 도회지 콘크리트 빌딩 숲속에서 혼탁한 미세먼지와 농어촌 자연환경은 전혀 다르다. 신선한 녹색과 싱그러운 푸른 색깔이 시원히 펼쳐진다. 골프장을 찾는 이들은 운동과 친교도 좋지만, 그린필드에 매료된다고들 한다. 전원생활을 꿈꾸는 소망은 우리뿐만 아니라 전 세계인의 한결같은 그리움이고 꿈인 듯하다.

2012년 개최된 제30회 런던 올림픽은 개막식 행사 주제가 친환경 녹색이었다. '대니 보일' 예술 감독이 선보인 〈경이로운 영국(Isles Of Wonder)〉은 산업혁명을 주도한 영국이 산업 폐기물로 중독된 땅을 새롭게 회생시키는 내용을 담았다. 런던 북동부 리 밸리(Lea Valley)는 쓰레기 매립장과 산업 폐기물이 난무했던 곳이었지만 수로와 푸른 공원이 조성되는 친환경 올림픽 주경기장으로 탈바꿈했다. 개막식 공연 1막은 '푸름과 유쾌함'으로 시작되었다. 일화로 총리가 감독을 불러 왜 하필 전원이 주제인가에 대한 질타를 하자 전 세계 시민은 산업화와 도시화에 지쳐 녹색을 그리워한다고 답변했다고 한다.

서울의 경우 쓰레기장이었던 난지도는 하늘공원이 조성되고 그 옆에는 한강변 정원과 함께 월드컵 경기장을 조성했다. 서울 한복판을 흐르던 청계천은 도시화에 밀려 복개되어, 지상은 고가 도로가 된 것을 다시 복원하였다. 그리하여 삭막하고 복잡한 도심에 실개천이 흐르는 옛 모습을 되찾아 서울 시민은 물론 국내외 관광객의 쉼터가 되었다.

아파트 공화국이라 할 만큼 우리나라는 주거공간을 대표하는 아파트 경쟁이 치열하다. 녹지 조성과 공원 차별화에 인기와 프리미엄이 결정되다시피 한다.

예전에는 학군과 상업시설에 의해 좌우되던 아파트 선택 기준이 숲세권 등 공원과 산과 강 바다를 조망할 수 있는 자연 친화적 그린아파트를 선호하게 되었다.

심지어 아파트 단지 조경을 위해 농촌 마을 어귀에 있는 오래된 보호수 같은 느티나무 등 억대를 호가하는 고목을 가지고 정원수 심기 경쟁을 한다. 잿빛 시멘트 아파트 이름까지 '푸르지오'라고 할 정도다.

'나의 살던 고향은' 노래를 부르면 고향을 떠나서 타향살이하는 사람이라면 누구나 눈시울을 적신다. 고향에 대한 '동경과 향수'는 각박한 도시 생활이 어려울수록 더욱 간절해진다. 고향의 늙으신 부모님을 떠올릴 때면 더더욱 애절해진다. 살구꽃 복사꽃 피는 내 고향, 뻐꾸기 소쩍새 종달새 지저귀는 소리가 귓가에 맴돈다. 여름이면 냇가나 바닷가에 나가 동무들과 물장구치며, 가재 잡고 고기 잡던 어린 추억이 사무치게 그립다.

봄 처녀의 하늘거리는 치맛자락에 파릇한 봄나물 캐던 순박한 소녀는 생각만 해도 나이든 지금도 마음이 설렌다. 초등학교 시절 하굣길에 아직 자라지 않은 햇고구마를 서리하여 주인 몰래 나눠 먹던 즐거움, 물이 빠진 바닷길 갯바위에서 생굴을 까먹던 아련한 어릴 때 추억이 더욱 선명해진다. 이 모두 떠나온 고향을 그리워하며 잊지 못하기 때문이다. 고향이 시골이 아닌 사람도 농어촌 풍광과 자연의 품을 그리워하는 것은 마찬가지일 것이다. 넓은 논에 온 동네 사람이 품앗이하여 모내기할 때면 논둑에 걸터앉아 밀가루 냄새가 풋풋한 그 시절 수제비 맛은 영원한 추억이 되었다. 지금도 소를 몰아 쟁기질하시며 강단 있으시고 부지런하셨던 할아버지의 그 농부 모습을 떠올리면 이 글을 쓰는 지금도 눈가에 눈물이 고인다.

이제는 경제적으로 생활의 여유를 갖다 보니 가치 있는 삶을 통한 보다 인간다운 삶을 추구하기 시작했다. 도시에서 벗어나 농어촌으로 눈을 돌리게 된 이유다. 과거 현대인들이 생업을 위해 자리 잡고 살아갈 수밖에 없었던 도회지는 산업사회 시대에는 선택의 여지가 없었다. 누구나 꿈꾸는 낙원, 우리의 농어촌은 비록 고향이 아닐지라도 우리 모두 돌아가고픈 본향이 되고 있다.

서두에 독자의 이해를 돕기 위해 이 글에서 편의상 사용하는 용어에 관한 설명을 해드리고자 한다. 농촌은 넓은 의미로 농촌, 어촌, 산촌을 포함한다. 귀농·귀촌 역시 귀농, 귀어, 귀임(歸林)을 포함하고 있다. 일반적으로 농산물이라 하면 농산물, 축산물, 수산물, 임산물을 통틀어 이야기하고 있다.

정부가 바뀔 때마다 농업과 수산업이 농림부와 수산부로 나뉘거나 합쳐지기도 하여 행정적으로 혼란스럽긴 하지만 식탁 위에 오르는 식품이나 음식 차원에서 보면 한 밥상에 오르는 생명과 건강을 지켜주는 한 뿌리라고 봐야 할 것이다.

▲ 바다가 내려다보이는 그리운 생가 마을풍경

고향을 등지고 타지(他地)나 도회지로 갔던 까닭은?

왜 정든 고향을 뒤로하고 고향을 떠나야만 했을까?

이국 만 리 타향살이 역사는 멀리는 북간도(北間島: 만주)에서부터 태백권 탄광촌, 강원도 고성군 거진읍 명태어장, 서울 구로공단 등으로 이어져 왔다. 예나 지금이나 생계 기반을 잡기 위해 고향을 떠나 도회지로 몰리고 있다. 제각기 사정이야 다르겠지만 돈을 벌거나 출세하여 금의환향하는 것이 모두의 꿈이었다. 간도라는 낯설고 먼 이국땅에서, 명태잡이 어부는 거센 바다와 싸워야 했고, 광부는 칠흑 같은 갱도에서 목숨을 담보로 했다.

공단은 수출 전사로 과중한 근로시간을 이겨내고 쪽방에서 청춘을 불살라야만 했다. 우리나라는 경제개발 이전까지 나라의 경제기반이 없다 보니 국민은 가난할 수밖에 없었다. 살기가 어렵다 보니 가난에서 벗어나기 위해 돈을 좇아 돈벌이가 되는 곳이면 물불을 가리지 않고 어디든 달려가야만 했다. 힘들게 번 돈으로 동생들 학자금이며, 부모님 병원비를 사용하고 때론 논밭과 집들을 장만하기도 했다. 그렇지만 안타깝게도 만주로 간 사람 중 많은 이가 영원히 그리던 고향에 돌아오지 못했다. 광부 역시 갱도가 무너지는 사고 등으로 수많은 사람이 목숨을 잃었다.

황무지였던 만주 개척은 역사적으로 우리 민족수난사였다. 광부의 검은 땀과 눈물인 석탄은 70~80년대 고도성장기 국가발전의 에너지원이었다. 구로공단 근로자는 우리나라의 수출 세계 6위 국가위업 달성의 초석이 된 셈이다.

이국땅 만주 일대 한민족의 역동성은 10여 년에 걸쳐 1967년 완성된 안수길의 장편소설 『북간도』에서 실향민의 애환으로 담겨 있다. 탄광촌의 광부 역사는 '철암역 탄광 역사촌'으로, 구로공단의 노동자 생활상은 '수출자유지역노동자생활체험관'으로 그 역사를 보존해 오고 있다.

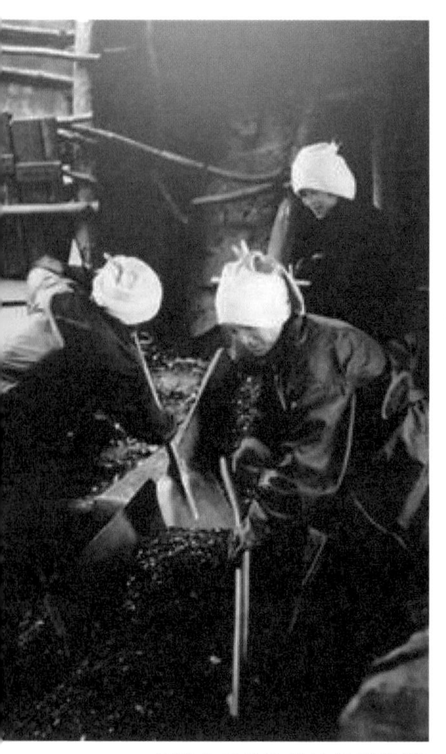

▲탄광촌 아줌마 광부 (보령탄광)

필자는 아주 오래전 간도(만주)는 물론 압록강 두만강 백두산 연해주 등 북한 중국 러시아 3국 최 접경지를 돌아본 경험이 있다. 가장 인상적인 것으로 백두산 아래 첫 마을인 조선족 마을은 지금도 그 기억이 생생하다.

우리 고유의 주택 양식과 텃밭, 우리보다 과거의 전통과 풍습을 고스란히 지키며 계승해 오고 있는 모습에 놀랍기까지 했다. 고향에 가지 못하는 실향민들의 고국에 대한 향수와 민족성을 가슴 깊이 느낄 수 있었다. 또한, 일본의 민족말살주의에 맞서 교육 종교 독립운동의 거점이 되었던 길림성 용정을 다녀온 지 오래된 지금에도 윤동주 시인의 생가와 죽는 날까지 하늘 우러러 한 점 부끄럼이 없기를…. 서시(序詩)의 시비도 눈에 선하다. 일송정 푸른 솔은 늙어 갔어도 한 줄기 해란강은 천 년 두고 흐른다. 유·무명 항일 독립운동가들의 수많은 외침과 조국을 향한 문익환 목사의 기도 소리가 눈을 감으면 들리는 듯하다. 지금도 가끔 80년대 이대 앞 카페 상호였던 '만주는 우리 땅' 이 떠올리기도 한다.

70~80년대 수출공단과 봉제공장 등에서 하루 70원의 일당으로 젊음을 팔아 고된 노동에 시달리며 힘든 삶을 견디며 살아왔다. 이즈음 근로기준법 준수와 노조 결성 등의 노동운동이 아름다운 청년 '전태일'에 의해 전개되었다. 근로기준법 준수 도화선이 된 1970년 평화시장 앞에서 피복 재단사였던 22살의 전태일 청년이 분신자살을 시도한 사건이 발생했다. 이 사건이 실마리가 되어 노동운동이 가시화되면서 근로자들의 삶의 질이 향상되는 전환점이 되었다. 청계천 수표교에 전태일 기념관이 세워져 있다.

또한, 연해주로 이주했던 한인들을 스탈린은 불모지인 중앙아시아(우즈베키스탄)로 강제 이주시켰다. 결국, 내쫓은 셈이다. 우리 민족은 토질과 기후, 강수량이 부족해 쌀을 재배할 수 없었던 연해주 땅에 강물을 끌어들여 쌀농사를 최초로 보급한 끈질긴 집념의 민족이다. 중앙아시아로 쫓겨난 한인(고려인)은 사막과 황무지인 땅에서도 쌀과 목화 농사를 대대적으로 경작하여 러시아에서 가장 생산성이 높은 '북극성 콜호즈' 집단농장을 운영하였다. 1950년대 집단농장 지도자였던 '김병화(金炳華/킴펜흐바)'는 러시아 영웅 칭호 중 두 번째 높은 급인 '사회주의 노력 영웅 훈장'을 무려 2번이나 수상했다. 레닌 훈장도 4번이나 받았다. 이러한 공로를 인정받아 우즈베키스탄 사회주의 공화국 최고농업위원회의 위원으로 재임하기도 했다. 우즈베키스탄에 김병화 기념관과 그의 동상이 세워져 있다.

김병화는 러시아에서 고려인의 지위 향상과 한인공동체 결집에 평생을 바친 대표적인 한인 이주민이며 우리 농업인의 대선배요, 표상이기도 하다. 러시아의 국가 훈장은 크게 3개 분야에서 공로가 지대한 인물께 수여했다. 전투에서 공을 세운 군인, 생산성을 높인 농업인, 자녀를 많이 낳은 여성에게 주어졌다. 국토 면적은 넓지만

농사짓기에 힘든 환경 조건과 인구가 절대 부족한 상황에 농업생산성과 인구 증가는 국가 핵심 국정일 수밖에 없었을 것이다.

우리 민족의 근면성은 독일에 광부와 간호사로 파견시켜 그때 벌어들인 돈에서도 드러나며 그 돈은 국가를 재건하

는 초석이 되었다. 베트남 전쟁에서는 목숨을 건 파병으로, 열사의 나라 중동에서는 건설 역군의 피땀으로 오늘의 우리 경제를 성장 발전시키는 역할을 했다.

그 힘들고 어려웠던 시절을 지나오면서 잘살게 되었지만, 현재 우리의 근로 현장은 도시나 농촌이나 연변, 동남아 등 외국인으로 채워지고 있다. 육체적으로 힘들고 고된 일은 하지 않는 시대와 세대가 되었다. 억척같았던 남대문시장 또순이, 자갈치시장 아줌마를 점차 찾아보기 힘든 세상이 되었다.

그럼에도 불구하고 힘들다는 농어촌으로 다시 돌아오고 있다는 점이다. 떠났던 농어촌에서 이제는 다시 돌아오는 농어촌으로 바뀌어 가고 있다. 귀농·귀촌 인구가 최근 3년간 매년 약 50만 명 정도라고 한다. 이들은 도시 생활의 회의를 느껴 삶의 새로운 가치를 찾아 귀농·귀촌을 선택하고 있다.

고향을 떠나 도회지에서 경제적 삶의 터전을 잡았던 이들이 기회의 땅! 달라진 농어촌으로 꿈을 가지고 회귀한다고 봐야 할 것이다. 이제는 농어촌도 과거와는 달리 살아 볼 만한 곳으로 점차 인식되어가고 있기 때문이다.

다시 돌아가고 싶은 내 고향

고향의 의미는 자기가 태어나서 자라고 살아온 곳, 마음속 깊이 간직한 정들고 그리운 곳을 '고향'이라 부른다.

사람의 공통된 정서인 고향에 대한 향수가 담긴 목가적인 시골 모습을 풍경화처럼 절절히 그려낸 정지용 시인의 '향수(鄕愁)'에서 누구나 고향을 떠올리게 된다. 넓은 벌 동쪽 끝으로 실개천이 휘돌아 나가고 차마 꿈엔들 잊힐 리야… 출향민이나 실향민이라면 고향에 대한 그리움은 더욱 간절하다. 향수는 성악가 박인수, 이동원이 노래해 국민가요가 되다시피 했다. 당시 박인수는 클래식 모독으로 국립 오페라단에서 제명까지 되었다. 클래식만 고상한 음악이고 대중가요는 저속하다는 아집과도 같은 사고가 통했던 시절이다. 요즘처럼 협업(Collaboration)과 트로트가 보편화하고 대유행하는 시대에 이해하기 힘든 조치다. 세계적인 소프라노 조수미도 사랑받지만, 장사익의 애절한 노래도 인기가 높으며, 예전에 세계적으로 히

트했던 싸이의 강남스타일 모두 대중가요다. 향수가 가곡 장르였다면 과연 국민가요가 되었을까?

대중가요는 유독 고향을 주제로 한 노래가 큰 성공을 했다. 나훈아의 강촌에 살고 싶네, 고향 열차, 남진의 “저 푸른 초원 위에 그림 같은 집을 짓고 봄이면 씨앗 뿌려 여름이면 꽃이 피어 가을이면 풍년 되어 겨울이면 행복하네”는 ‘님과 함께’의 노랫말이다. 고향과 농촌을 그린 노래다.

대중가요 가사에서 보듯이 고향은 인간에게 존재의 원천이자 삶의 안식처인 셈이다. 그렇다면, 떠나온 고향을 다시 돌아가고 싶은 고향으로…. 우리는 왜 생각하게 되는가? 고향에 대한 막연한 그리움과 향수일까? 아니면 더 늙기 전에 살아생전 고향 땅으로 귀향하고픈 회귀 본능일까? 도시 생활의 회의와 한계를 느껴 차라리 물 좋고 공기 좋고 산 좋은 농산어촌의 자연환경에 살고 싶어서일까? 이제는 농어업의 산업 경제적 가치를 인정하고 농산업을 통한 새로운 비즈니스를 구상하기 위해서일까? 부모님의 농사를 승계할 수밖에 없는 상황에 선택의 여지가 없기 때문일까? 비단 고향은 아닐지라도 은퇴 후 제2의 삶을 위해서일까? 아니면 기업 등의 취업난으로 청년 창업 농을 결심한 청년 농부가 되기 위해서일까?

고향이나 농어촌으로 내려가려는 입장과 상황은 제각기 다를 수밖에 없다. 각자 고향이나 농어촌으로 내려가려는 명분과 목적이 분명해야 한다는 점이다. 명분과 목적이 분명하기 위해선 농어촌의 생활여건과 환경이 이들을 받아들이고 정착할 수 있는 경제적 삶의 터전이 되어야 한다는 점이다.

즉 당장 힘들긴 해도 앞으로 도시 생활보다 나아져 농어촌에 정착하기를 잘했다는 후회가 없어야 할 것이다. 그러기 위해선 도시보다 농어촌 생활이 경제적 여건과 더불어 가치적 측면에서 개개인의 입장과 처지는 다르겠지만 최소한 도시보다 좋은 점이 많아 비교우위에 있어야 한다.

나라님이 꿈꾸는 우리의 농산어촌 모습은?
과감한 농정의 대전환으로
청년들은 농어촌에서 미래를 일구고,
어르신들은 일과 함께 건강한 삶을 누리고,
환경은 더 깨끗하고 안전해지길 바랍니다.
서로 나누고 협동하면서
더불어 살았던 농어촌의 마음도 되살아나길 기대합니다.

젊은이와 아이들이 많아지는 농산어촌,
물려주고 싶은 농어업의 나라 대한민국을
여러분과 함께 만들겠습니다.

2019.12. 타운홀 미팅 농정보고 대회 대통령 말씀 중에서

우리의 새로운 농어촌 모습은 돈을 벌기 위해 과거처럼 고향을 등지고 도회지를 떠날 필요가 없어야 한다. 고향을 떠났던 출향인들도 다시 돌아오는 고향이 되어야 한다.

막연히 고향이기 때문에 돌아오기는 쉽지 않을 것이다. 시골에서 누리지 못하는 도회 문화생활을 포기하고서라도 농어촌만이 갖는 매력과 가치에 끌림이 있어야 할 것이다.

꿈꾸던 낙원이 실락원(失樂園)이 되어선 안 된다

농산어촌이 왜 꿈꾸는 낙원이라고 도시인의 대다수가 생각할까? 복잡하고 어지러운 회색 빌딩 공간인 도회지와 비교해 볼 때 낙원은 되지 못해도 도시보다 분명 농촌이 좋다는 인식일 것이다. 낙원은 우리가 꿈꾸는 이상향이나 동경의 대상이다. 유토피아와 같이 현실적으로 존재하지 않는 이상적인 세계인지도 모른다.

〈실낙원(Lost Paradise)〉(1667)은 존 밀턴의 장편 서사시로 총 12권으로 구성되었다. 단테의 신곡(神曲)과 함께 불후의 명작으로 손꼽힌다. 실낙원은 일본 모리타 요시미츠 감독에 의해 영화로도 제작되었으며, 국내에도 상영된 바 있다. 존 밀턴의 실낙원은 성경의 창세기를 기반으로 아담과 하와가 에덴동산에서 쫓겨나는 모습을 그렸지만, 일본 영화 실낙원은 잘못된 이성 간의 사랑을 다뤘다.

필자가 생각하는 실낙원에 대한 의미는 귀농·귀촌을 했다가 다시 농어촌을 떠나는 것을 의미한다. '실낙원(失樂園)'의 뜻도 '잃을 실(失)', '즐거운 락(樂)', '동산 원(園)'이다. 즉, 농촌을 즐거움을 잃은

동산으로 생각하고 떠나간다는 의미를 표현하고 싶다.

농촌이 낙원이라는 사실만으로 귀농·귀촌은 쉽게 결단을 내리지는 못하지만, 동경의 대상인 것만은 분명하다. 도시민들의 버킷리스트(Bucket List) 실현 무대가 농촌이라는 점이 이를 입증하고 있다.

한국농촌경제연구원 2019년 도시민 대상 의식조사 결과 5년 이내에 버킷리스트를 실행하고자 구체적으로 준비하는 비율이 응답자의 31%로 나타났다. 이 중 44.9%가 농촌을 대상으로 하고 있다.

도시민이 꿈꾸는 낙원인 농산어촌으로 내려가 정착하기 위해선 기존의 농어촌이 어떤 모습으로 변해야 할까? 좋은 농어촌이 되기 위해 어떤 환경과 조건을 갖춰야 도시인들에게 농어촌이 더욱 좋은 이유가 될까?

그 해답은 명료하다. 과거 농촌에서 도회지를 떠난 이유를 해결하면 된다. 돈을 벌어 경제적 생활 안정을 위해 고향을 떠났다. 과거에는 삶의 질이나 환경은 문제가 되지 않고 열악한 조건에서도 오직 돈만 벌면 만족했던 시절이었다.

그렇다면 도시민이 농산어촌을 선택하기 위해선 실질 소득이 보장되고 생활환경이 도시보다 낫다면 선택의 여지가 없이 금상첨화일 수밖에 없다.

도시소득과 농가소득을 살펴보면 2019년 농가소득이 4,265만 원, 2020년에는 전년 대비 5.3% 증가한 4,490만 원으로 예상된다.

도시소득의 66% 수준에 접근하고 있다. 29년에는 농가소득도 5,035만 원에 이를 전망이다.

다음은 점차 개선되어 가는 농어촌 생활환경에 대해 알아보자.

도시민과 농촌 주민의 정주 만족도 변화에 의하면 행복감은 2014년 도시 7.1, 농어촌 5.6점, 2019년 도시 5.7, 농어촌 6.4점으로 농어촌의 행복감이 도시보다 오히려 높게 나타났다. 살고 싶은 곳의 만족도는 2014년 도시 7.2, 농어촌 5.8점에서 2019년에는 도시 6.0, 농어촌 6.4점으로 농어촌이 도시보다 살고 싶은 만족도가 높아졌다.

도시 생활자가 농촌보다 행복감이 줄어들고 도회지 생활에 불만족이 늘어나고 있는 현상이며, 농촌을 새로운 삶의 대안으로 삶는 이유 중의 하나가 되고 있다. 또한, 도시보다 농어촌에 관한 관심이

▼도시민과 농촌 주민의 정주 만족도 변화(2014~2019년)

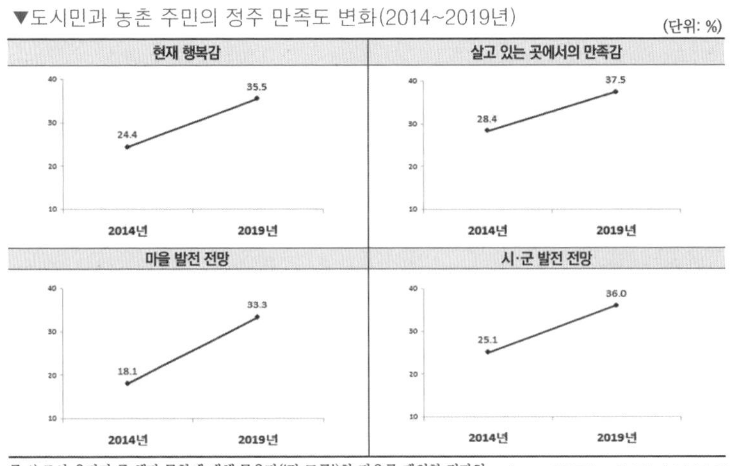

주 1) 조사 응답자 중 해당 문항에 대해 무응답('잘 모름')한 경우를 제외한 결과임.
2) 11점 척도(0~10점)에서 8점~10점을 '긍정'으로 구분함.

자료: 한국농촌경제연구원

높아지고 도시인의 버킷리스트 대상이 되는 가장 중요한 요소 중의 하나는 정부의 농촌 농업 농민에 대한 전반적인 농업 정책의 틀이 바뀌고 있기 때문이다. 이에 따라 도시민의 농촌과 농업에 대한 인식이 변화되고 있는 것도 이유 중의 하나로 봐야 할 것이다.

2020년부터 정부의 제4차 농어업인 삶의 질 향상 5개년 계획을 새롭게 시행한다. 궁극적으로 사람이 돌아오는 농어촌을 만들기 위한 정책이다. 농업의 다원적 기능(Multi functionality)과 공공재(Public Good) 기능을 살려, 농업 농촌의 공익기능 증진과 농업인들의 소득 안정을 위하여 직접 직불제(공익직불제)를 2020년 5월1일부터 시행한다. 과거의 농업 직불제와는 달리 소농직불제를 도입했다. 이는 당장 대규모 농업인이 될 수 없는 귀농인으로서 직접적인 소득 혜택을 받을 수 있는 제도다.

또한, 지방분권의 확대로 지역 단위의 삶의 질 개선과 농촌 복지에 더해 지자체별 다양한 농어촌 활력 사업을 경쟁적으로 전개하고 있다. 이로 인해 농어촌 생활환경이 도시 못지않게 개선될 것으로 예상한다. 특히 4차산업 시대에 걸맞은 첨단농장(Smart Farm) 영농과 농업의 부가가치를 높이는 농식품 6차산업화로 과거 농업과는 다른 새로운 농어촌으로 변화하고 있다. 도시민이 귀농·귀촌하여 농사를 짓지 않아도 산업화 시대의 다양한 경험과 경력을 농업에 접목할 수 있는 일자리를 창출할 수 있게 되었다. 특히 귀농·귀촌 지원 정책도 점차 유럽 등 선진국처럼 농촌 활성화를 위한 창조계층 활용 방안에 관한 연구가 전개되고 있으며, 구체적으로 창조계층 유치 및 농촌 활성화 플랫폼 구축 등이 제시되고 있다.

농어촌은 농사를 짓고 물고기를 잡는다는 기존의 생각에서 첨단 농장(Smart Farm)처럼 첨단화를 통한 과학적 영농 실현과 6차산업 고도화를 통한 1~3차 산업 분야의 다양한 협업이 전제되기 때문이다.

농어업은 과거 땀과 노력에 의한 노동력이 전부였지만 우리 농어촌 현장의 모습도 많이 바뀌고 있다. 네덜란드와 이스라엘 등은 노동력에도 의존하지만, ICT를 활용한 첨단농업 장비를 더 많이 이용한다. 종자 대국인 이스라엘의 경우 노동력 의존도는 5%에 불과하며 첨단 영농에 의한 지적 농업으로 전환했기 때문이다.

우리나라 농업이 다른 나라에 비해 유망한 점은 우리는 이미 고도의 정보화 인프라 기반을 갖추고 있다는 점이다. 과거 산업화 시대에 도시에서 맛본 고도성장은 우리나라에는 다시 오지 않을 것이다. 미국, 독일 선진국의 성장률이 1~3%대를 넘지 않는 것처럼 우리나라도 이제는 예외일 수 없다. 이미 중진국을 넘어 선진국으로 진입하고 있기 때문이다. 경제의 틀을 양적 성장에서 질적 내실 성장의 틀로 모든 정책과 전략을 수정해야 한다. 이는 농산업도 마찬가지다. 국민의 식생활 트렌드(Trend)와 수준에 맞게 믿음과 신뢰가 기반이 되는 안심 고품질 농식품 생산과 가공에 눈을 돌려야 할 때이다.

도시민이 귀농·귀촌하여 현지 농업인보다 성공하는 사례 중 하나가 도시 소비자의 식생활 패턴과 구매 심리 즉 셀링포인트

(Selling Point)를 잘 집어낸다는 점이다. 이러한 농어촌의 장점을 최대한 활용하여 귀농·귀촌인이 새로 정착한 농어촌이 낙원이 되기 위해선 시행착오와 실패를 통해 우리의 농어촌이 실낙원이 되어서는 안 된다.

이를 미리 방지하기 위한 대책도 본인의 손에 달렸으며, 모든 실패의 원인도 자신의 자질에 달렸음을 명심해야 할 것이다. 낙원이라 믿고 찾아온 농어촌이 실낙원이 되지 않기 위해서는 무엇보다 농부와 어부가 되기 위한 철저한 준비와 대비가 필요하다. 농어촌을 포기하고 도회지로 또다시 돌아간다 해도 과거와는 달리 도시의 현실은 예전보다 더 냉혹하여 설 자리는 더욱 힘들다는 것을 실감하게 될 것이다. 도시나 농촌에서 정착하지 못하고 방랑자가 되거나 세상의 낙오자 신세가 될 것은 불 보듯 뻔한 일이다.

제2장

망설임이 결단이 되기까지

귀농(歸農) 귀어(歸漁)를 주저하는 이유는?

앞에서도 언급한 바와 같이 여러 이유와 핑계로 귀농·귀촌에 대한 결단을 쉽게 내리지 못하기 때문이다. 결과적으로 귀농 결심을 주저하고 망설이게 되는 것이다. 그 이유는 귀농 귀어에 대한 불확실성으로 확신과 자신감이 부족한 탓이기도 하다. 아니면 본인의 생각보다 가족 등 주변 사람들의 의견을 무시할 수 없기 때문인 경우도 있다. 귀농은 도피나 유배 가듯 혼자 가기는 쉽지 않다. 나 홀로 자연인으로 돌아가는 것도 아니고 농어촌을 기반으로 농어업 경영인으로 새 출발하는 입장이기도 하다. 반려자나 가족이 농어업을 위한 구성원으로 버팀목이 되어야 하기 때문이다. 아내의 동의를 얻어 내기란 쉽지 않다. 농촌의 주거환경이 도시와 별반 차이 없이 평준화되었다고는 하지만 대다수 아파트 생활에 익숙한 여성이라면 농촌을 꺼릴 수밖에 없다. 오랜 도시 생활에서의 익숙함과 문화 혜택, 정겨운 친구와 이웃을 버리고 낯선 곳으로 이주한다는 것은 생소함을 넘어 모험과도 같을 것이다. 물론 농촌의 자연과 환경을 좋아하는 경우는 예외일 수 있고 이런 경우 준비하는 남편에게는 동반자로서 천군만마를 얻은 것과 마찬가지로 귀농에 큰 도움과 힘을 얻게 될 것이다.

귀농·귀촌에 대한 반응을 수치로 설명하기 전에 천안 연암대 채상헌 교수가 요약한 '나에게 시골이란?' 제목의 귀농한 몇 분의 솔직한 심정을 소개하고자 한다.

– 쉽지 않아 보이는 기회의 땅이다. (남 56세/귀농 2년 차)

– 준비 없이 일단 찾아온 곳이지만 이제 뿌리를 내려야 하는 곳이다. (남 66세 /귀농 1년 차)

– 나의 희망이며, 행복 공작소이다.(남 66세/귀농 4년 차)

– 아직은 석양에 해 받은 억새처럼 눈부시지만, 막상 들어서기에는 자갈밭 같기에 망설여지는 곳이다.(여 44세/귀농 2년 차)

– 여유와 긴장, 희망과 절망, 눈물과 웃음이 피어나는 곳이다. (여 41/귀농 3년 차)

– 그동안 나 없던 내 삶을 비춰주기도 하고 앞으로 내가 있을 자리를 비춰주기도 하는 양면의 거울이다.(여 56세/귀농 5년 차).

이처럼 남성은 귀농에 대해 대체로 각오와 다짐을 하고 긍정적으로 받아들이지만, 여성은 감성적이며 아직도 생각이 반반으로 교차함을 볼 수 있다. 귀농인이 설문에 답변한 일례처럼 이러저러한 이유로 귀농·귀촌을 선뜻 결정하지 못하고 주저한다고 봐야 할 것이다. 의사결정은 양면의 동전처럼 어떠한 경우라도 한 면을 선택할 수밖에 없다. 동전을 던지는 것도, 동전의 양면 중 하나를 선택하는 것도, 귀농 희망자가 선택해 던져진 길이요 운명인지 모른다.

다음은 귀농·귀촌에 대한 국민의식조사에서 나타난 결과를 살펴보자.

은퇴 후 귀농·귀촌 의향은? 34.6%로 나타났으며, 이유 중의 1순위는 " 자연 속에서 건강하게 생활하기 위해서였다."

농업인의 직업 만족도는 2017년 17.7%에서 2019년에는 23.3%로 점차 개선되고 있다. 불만족 이유는 노력보다 수익이 낮다는 것으로 나타났다. 통계청 귀농 편 자료에 의하면 귀농에 필요한 평균 준비 기간은 약 2년 3개월로 조사되었다. 귀농하려는 자발적 이유는? 1위는 역시 자연환경이 좋아서가 26.1% 다음이 농업의 비전과 발전 가능성에 대한 기대가 17.9% 세 번째가 도시 생활에 대한 회의가 14.4% 가족들과 가까운 곳에서 살기 위해서가 10.4% 그 외 이유가 31.2%로 조사되었다.

또 다른 조사 기관에 의하면 귀농·귀촌을 선택한 이유는?

첫 번째가 단연 조용한 전원생활을 위해서가 31.4%, 다음이 도시 생활에 회의를 느껴서 24.8%, 세 번째가 은퇴 후 여유 있는 여가 생활을 위해가 24.3%, 농어촌과 관련한 사업을 위해서가 22.2%, 자신과 가족의 건강을 위해서라고 답변한 사람이 18.4%로 나타났다. 귀농·귀촌에 대한 조사에서 나타난 고무적이고 긍정적인 결과는 농어촌에 대한 비전과 발전 가능성에 대해 희망적인 생

▼귀농·귀촌을 하는 이유

귀농		귀촌	
① 자연환경이 좋아서	26.1%	① 자연환경이 좋아서	20.4%
② 농업의 비전 및 발전가능성을 보고	17.9%	② 가족 및 친지와 살기 위해서	16.4%
도시생활에 회의를 느껴서	14.4%	정서적으로 여유로운 생활을 위해	13.8%
가족 및 친지와 살기 위해서	10.4%	도시생활에 회의를 느껴서	13.6%
본인이나 가족의 건강상의 이유로	10.4%	본인이나 가족의 건강상의 이유로	11.9%
실직이나 사업의 실패로 인해	5.6%	실직이나 사업의 실패로 인해	7.8%

출처: 농림축산식품부. 2018 귀농·귀촌 실태조사 결과

각으로 의식이 전환되고 있다는 사실이다. 고도성장을 구가했던 과거 산업화 시대의 대다수 도시민에게서는 전혀 기대할 수 없었던 답변이다. 이는 단적으로 우리 경제 흐름과 구도가 고도성장에서 저성장시대로 바뀌면서 일어난 사회적 현상으로 봐야 한다.

즉 2~3차 산업 중심의 경제구조 의존도에서 산업의 근간이 되는 1차 산업인 농업에 관한 관심이 높아진 셈이다. 과거 힘든 농사로만 여겨졌던 생각들이 경제 환경과 시대변화에 따라 농업을 공익적 가치와 산업적 가치로 국민이 이제는 눈여겨 들여다보고 있다는 점이다. 결과적으로 설문에서 나타난 귀농·귀촌을 망설이지 않고 선택하기 위한 결정적인 요소를 요약하면 "조용하고 공기 좋은 농촌 자연환경 속에서 농업을 통해 수익을 올리고, 더욱 건강하고 여유로운 삶을 살겠다."라는 생각이 일치되면 귀농·귀촌을 결심하게 되는 확실한 요소가 될 것으로 압축된다. 누구나 좋은 자연환경과 건강은 그저 얻어지는 것은 결코 아니다. 도회지의 미련을 버리지 못하는 한 도시의 콘크리트 숲속에서 살벌한 삶의 스트레스 무게를

▼녹색 넥타이 차림의 필자/2018년 제주포럼패널 참석

계속 견디며 살아가야 할 것이다.

오히려 계속 돈만을 쫓다가 심신이 피폐해져 건강마저 해쳐 후회하게 될지도 모른다.

필자는 공식 행사장에서는 평소 매지 않는 싱그럽고 산뜻한 녹색 넥타이를 매곤 한다. 파릇한 녹색은 농촌과 농업, 생기가 넘치는 생명력을 상징하기 때문이다. 또한, 강의장이나 행사장에 오신 분들에게 우리 농촌과 농업을 녹색을 통해 강하게 심어주기 위해서다. 이는 녹색 넥타이 하나로도 신선하고 청량감 넘치는 분위기를 조성할 수 있기 때문이다.

도시의 회색이 차분하고 고상할지 모르나, 농촌을 상징하는 싱그러운 녹색이 분명 건강과 치유의 생명력 있는 색상이라 생각한다. 이 정도면 녹색 낙원인 농어촌을 향한 귀농·귀촌 결정에 도움이 되리라고 믿는다. 더 늦게 전에 주저하지 말고 소멸을 우려하는 우리 농어촌을 살리는 농어업 전사가 되기 바란다. 필자 또한 고향 쪽으로 귀향하기 위해 이미 3년 차 준비를 해 오고 있다.

세상을 읽고 경제를 알고 농어촌을 알아야 한다

손에 잡히는 경제, 손에 잡히는 농업! 농업도 이제는 경제를 알아야 한다. 필자는 원래 농업 분야 전문가가 아니었다. 유통산업 현장 생활을 오랫동안 해오면서 경영과 경제를 전공한 '유통산업경제학박사'이다. 이제는 농업도 농사에서 농식품을 산업화하여, '농민의 경제성'과 '농업'을 산업으로서 가치를 높여야 된다고 본다. 특히 농민 삶의 질을 높이기 위해 농식품 6차산업을 통해 농업의 부가가치를 높여 농촌 농업 농민이 더욱 풍요롭게 잘살기 위한 역할과 소명으로 (사)한국농식품6차산업협회를 이끌어 오고 있다. 농업과 유통 마케팅을 융합하는 전도사 활동을 통해 보람을 느끼며, 강사 및 자문역으로 전국의 농어촌 현장을 누비며 항상 감사하며 기쁜 마음으로 묵묵히 일해 오고 있다. 내 경험과 지식이 영향력 있는 지혜가 되어 우리 농어업과 귀농·귀촌하는 분들에게도 시행착오를 줄이는 작은 보탬과 힘이 되기를 소망한다.

필자가 펴낸 『농업이 미래다-6차산업과 한국경제(2019)』 책이

2019년 문화체육관광부 선정 학술부문 세종 도서로 선정되기도 했다. 이 책의 제목에서 보듯이 우리의 농업과 6차산업을 한국경제 차원에서 거시적으로 다룬 이유도 세상을 읽기 위해서는 농업 분야도 경제를 알아야 한다는 전제였다. 그래서 농업은 이제 생산에서 장사로 거듭나야 경쟁에서 살아남을 수 있다고 강조하고 있다. 시장을 개척하지 못한 채 소비자가 없는 농산물 생산은 아무런 의미가 없다.

왜 옛날 교과목이 '정치경제'였을까? 정치 위에 경제가 존재하고 정치와 경제는 2개의 자전거 바퀴처럼 존립해 왔다. 정치와 경제가 어느 쪽이 먼저며, 어느 쪽이 중요한지는 닭과 달걀 이야기와 같은 것 같다. 생각과 입장에 따라 각자의 주장이 다를 것이다.

국민경제가 없는 한 나라와 국민을 위한 정치는 성립할 수 없다고 생각한다. 치열한 세계 경제 속에서 경제가 중요해진 만큼 대통

▲농업이 미래다. 책과 기념사진

령은 외교적으로나 경제적으로 경제 대통령이 되어야 하는 이유가 이 때문이다. 아직도 말 많은 미국의 트럼프 대통령이 탄핵 되지 않는 이유 중의 하나가 강력한 경제력을 바탕으로 강한 미국을 앞세워 세계 경제를 지배하겠다는 등 자국의 경제를 대변하고 있다는 점이다. 정치력도 중요하지만, 경제력이 더 중요하다는 의미인지 모를 일이다. 그 또한 트럼프그룹의 회장으로 탁월한 경영인이며 경제인이다. 경영과 경제 차원에서 국가를 다스리다 보니 행정과 정치가들에게는 저항을 받지 않을 수 없다고 여겨진다.

1992년 미국 대통령선거에서 무명의 아칸소 주지사였던 빌 클린턴은 걸프전 승리의 영웅이며 90% 이상 지지율로 당선이 유력했던 H.부시 현직 대통령을 누르고 미국의 제42대 대통령으로 당당히 당선되었다. 선거에서 빌 클린턴을 대통령으로 만든 한마디는 "바보야! 문제는 경제란 말이야(IT's The Economy)."라는 대선 캠페인 슬로건(Slogan)이었다. 경제를 잘 아는 젊고 유능한 새로운 대통령으로 부각됐기 때문이다. 그의 아내인 힐러리 대통령 후보 역시 유리한 선거 전선에서 경제를 다시 강조했지만 실물 경제와 경험이 노련한 트럼프 후보의 벽을 넘지는 못했다.

이들 사례를 볼 때 분명 정치보다 경제가 우선이며 더 중요한 것 같다.

우리나라 국무총리와 경제 부총리는 역시 서울대 경제학과 출신이 돋보인다. 신고전학의 서강학파인 남덕우 교수(전 총리)를 꼽을 수 있다. 우리나라 국가 경제의 큰 틀은 현재 성장이냐 분배냐가 정치 경제적 양대 이슈로 논쟁의 대상이 되고 있다.

다음은 우리 경제와 농업지표들을 살펴보자

우리나라 국가 경제력 세계 순위는 세계경제포럼(WEF) 발표 15위권에 속한다. 국민 총생산(GDP)은 1조6,566억 달러, 1인당 GDP는 32,046달러이다. 전체 GDP 12위권이며 1인당 국민 소득은 28위권이다. 올림픽 참가국이 206개국이니 가히 대단한 나라임이 틀림없다. 세계 수출은 9위권으로 수출입 교역 강대국이다. 2019년 수출은 5242억1천만 달러이며 전체 무역은 1조456억 달러에 이른다. 2020년 우리나라 총예산은 512조 3,000억 원 규모다. 올해 우리나라 경제성장률은 2.3%를 예상하며 세계경제성장률은 2.8%를 내다보고 있다. 이 계획은 코로나 19사태 발생 이전 계획이다.

우리나라의 국토 면적은 100.363㎢ 세계 109위며, 북한은 120.538㎢로 99위다. 인구는 51,821,881명으로 27위다. 북한은 25,611,000명으로 52위다. 면적이 큰 나라 순위는 러시아, 캐나다, 미국, 중국, 브라질, 호주, 인도 순이다. 인구수는 중국·인도, 미국 인도네시아, 브라질 순이다. 인구 밀도가 높은 좁은 땅에서 치열하게 살아온 우리 국민의 경제성적표는 A++에 해당한다고 봐야 할 것이다

세계 선진국을 12개 나라로 보지만 국제사회에서 인정받는 국가는 25개국 정도며, 국제통화기금(IMF)은 39개국을 선진 경제 국가

로 분류하고 있다. 따라서 우리나라는 개발도상국이 아니며, 25개국 선진국에 해당하며, 선진 G20 회원국이기도 하다. 2020년 세계 최고국가 발표에 의하면 4연속 스위스가 1위를 차지한 가운데 다음이 캐나다, 일본, 독일, 호주, 영국, 미국, 스웨덴, 네덜란드, 노르웨이 순이다. 우리나라는 국력 평가는 8위권으로 상위권이지만 삶의 질은 아직도 23위에 그쳐 전체 20위를 차지했다. 일본을 제외하면 유럽과 북미 대륙에서 상위 국가를 전부 차지하고 있다.

다음은 농업부문에 대해 살펴보기로 하자

2020년 농사를 지을 수 있는 총 경지면적은 159.9만ha로 전망하며, 농가 호당 경지면적은 1.58ha 정도다. 우리나라 농산물 자급률은 총 70.8%며, 그중, 곡물류는 45.4%에 불과하다. 농식품 무역동향은 2020년 기준으로 수출은 67.6억 달러를 예상하며, 수입은 290.2억 달러로 추정 무역수지적자가 222.6억 달러에 이른다. 우리나라는 총 56개국과 16건의 FTA를 체결한 바 있으며, FTA 체결국과의 농축산물 교역액은 2019년 기준 80.1%를 차지하고 있다.

우리나라 전체 수출입 교역에서는 무역 흑자를 내는 반면 농산물은 수출보다 수입이 많아 적자 폭이 높은 편이다. 농산물의 특성상 쉽지 않은 일이지만 이제부터라도 농산물 수출을 늘리기 위한 대책으로 FTA 체결국가로부터 수입하는 농산물만큼 우리도 체결국에 수출을 늘려나가야 할 과제를 안고 있다

아울러 미래농업은 수출을 내다보는 거시적 안목으로 청년 농업

인은 내수보다는 수출에 역점을 두고, 기성 농업인은 그대로 내수에 주력하는 농업 정책으로 신구(新舊)세대 간 경쟁과 갈등도 해소할 수 있을 것이다. 아버지와 할아버지는 내수 판로에, 아들은 해외 수출시장 개척에 노력해야 할 것이다. 이를 통해 농업의 예측 생산과 수요·공급을 조절하여 유통, 판매, 가격안정 등 균형적인 발전을 이룰 수 있을 것으로 본다.

'2019년 농업총생산액'은 50조4,280억 원으로 추정되지만, '농업생산성장률'은 1% 미만으로 전체 경제성장률에도 미치지 못하고 있다. 2021년 농림축산식품부 총예산은 16조 2,856억 원에 불과하다. 그중 귀농·귀촌 지원 예산은 342억 원이 책정되어 전년 대비 68.5%가 증액 편성되었다. 2020년 귀농귀촌누리집(www.returnfarm.com)의 방문자가 299만 명으로 전년 대비 44%가 증가된 추세를 반영하여 예산이 편성된 셈이다. 올해 농가호당 소득은 4,490만 원이며, 도시근로자 소득의 66%에 해당한다. 2019년 기준 농가 인구는 228만 명으로 추정된다. 도시소득에 비해 농가소득이 66%에 불과하지만, 실질 금전적 소득은 낮을지라도 도시에서는 결코 얻을 수 없는 농어촌의 자연과 환경이 주는 혜택은 돈으로 환산할 수 없다. 이러한 농어촌 환경에서 누릴 수 있는 무형적 환경 가치는 도시소득 대비 부족분 34%를 채우고도 남을 것으로 생각해 본다.

우리 농정 현안인 농촌과 농업인구의 고령화를 극복하고 새로운 농가 인구 증가를 위해서는 젊은이들이 체감할 수 있는 더욱 실효성 있는 청년 귀농 정책을 과감히 전개, 새로운 피의 젊은 농부 유입 정책이 절실하다.

또한, 과거의 농업인에서 새로운 농업경영인으로 거듭나야 한다. 그러기 위해서는 세계 경제는 몰라도 최소한 우리 경제의 흐름은 물론 시대적 경제 환경과 농업경제를 알아야 하는 것은 농어업인과 귀농·귀촌인의 기본 지식이 되어야 할 것이다.

농어촌으로 가려는 뚜렷한 이유와 목적은?

글을 쓰고 있는 지금, 이른 봄비가 촉촉이 내린다.

밖에 내어놓은 화초의 여린 새싹이 봄비를 반긴다. 소생의 환희를 노래하듯….

봄비가 오늘처럼 내리는 날에는 과연 도시가 좋을까? 시골이 더 좋을까? 아마도 시골 풍경이 봄비에 더 잘 어울리고 운치가 더 있을 것 같다. 도회지 책상 앞에 앉은 지금도 온통 생각은 시골로 가 있기 때문이다. 내 고향 남쪽 바다 섬에는 피를 토하듯 붉디붉게 핀 동백꽃들이, 시골 농가 집 뜰의 화초에도, 기개 높은 단아한 매화의 꽃잎에도 빗방울 구슬이 영롱하게, 겨우내 마을을 지키는 나이 든 고목의 느티나무도 이 봄비를 기다렸을 것이다. 내리던 봄비가 그친 뒤 봄 처녀는 아닐지언정 백발이 된 노모와 시골 농가의 나지막한 뒷동산에서 달래와 냉이를 캐듯 추억들, 봄이면 파릇한 쑥으로 고향의 별미가 된 도다리쑥국을 즐겨 먹던 기억들이 아련하다. 도시의 콘크리트에 떨어지는 빗소리보다 옛날 집 도단지붕 위에 떨

▲시골 농가 주변에서 채취한 파릇하고 싱싱한 봄나물

어지는 빗소리가 더 정겨울 것이다. 물론 도회지 가로수와 도시의 묵은 먼지를 씻어 내리는 모습에는 마음이 한결 상쾌해질 것으로 보인다. 봄비 내리는 날 분위기는 대다수가 도시보다 시골 분위기가 더 좋을 것이라 말할 것으로 생각한다. 도심의 화려한 카페의 넓은 창가에서 마시는 차보다 시골 풍경이 생생히 눈가로 들어오는 시골 카페의 좁은 창가에서 마시는 커피가 향과 맛이 더 깊을 듯하다. 여러분들도 주말에 교외 카페에서 이 같은 경험을 해 보았으리라 생각한다.

이렇듯 우리는 도시를 떠나 농어촌으로 귀농·귀촌하려는 이유와 목적이 분명한 것 같다. 호젓한 농어촌 풍경과 자연 그 자체가 좋기 때문이라고들 말한다. 독자 여러분의 생각은 어떠신지? 아마도 동의하는 쪽이 많으리라 생각한다. 그래야 글을 쓰고 있는 필자도 힘을 얻어 더욱 우리의 농어촌을 사랑하고 귀농·귀촌을 자신 있게 권유할 수 있을 것이다.

귀농·귀촌하는 유형 중 조사에서 가장 높게 나타난 유형은 농촌에서 태어나 도시 생활 후 연고가 있는 고향 농촌으로 이주하는 경향이 가장 많게 나타났다. 귀농이 53%, 귀촌이 37.4%로 나타나 귀촌보다 귀농이 오히려 높은 이유는 연로하신 고향집 부모가 짓던 농사를 자식이 승계하려는 사례로 보인다. 이는 태어나 어릴 적 자란 정든 고향으로 회귀하겠다는 의미로 U턴형 귀농·귀촌이 가장 많다. 흙에서 태어나 흙으로 다시 돌아가는 옛적 대중가요 '흙에 살리라' 노래 가사처럼 말이다. "나는야 흙에 살리라 부모님 모시고 효도하면서 푸른 잔디 베개 삼아 풀 내음을 맡노라면 이 세상 모두가 내 것인 것을…."

귀농·귀촌 인구가 매년 대략 50만 명 선인 가운데 그중 'U턴형'이 귀농인 72%, 귀촌인의 56%를 압도적으로 차지하고 있다. 이들은 도시 생활을 하기 전 어릴 때 농촌을 경험했거나 자주 고향을 찾아 농사와 농촌 생활이 익숙해진 사람들이다. 도시 출신보다 비교적 농촌에 대한 면역력을 보유한 셈이다. 귀농·귀촌 유형은 가장 많은 'U턴형' 외 자신의 고향이 아닌 다른 농촌 마을로 이전해 들어가는 'J턴형'이 있고, 도시 출신이 농촌으로 내려가는 'I턴형'이 있다. 그리고 귀농·귀촌한 사람들의 농어촌 생활 만족도는 10가구 중 6가구가 대체로 만족을 느끼는 것으로 답했다. 또한, 실제 농부가 되기 위한 농업경영체로 등록한 비율도 19.2%에 이른다.

그렇다면 고향이 농·어촌이 아니고 연고가 없는 도시 출신이라면 귀농·귀촌을 망설여야 한다는 이야기다. 하지만 도시인이 귀농을 결심했다면, 과거 시골 출신이 낯선 도회지로 무작정 진출하거나 상경한 것과 반대로 도시에서 태어나 시골에 한번도 살아 본 경험이 없는 낯선 농·어촌으로 내려가 평소에 꿈꾸어 온 새로운 삶을 살아보면서, 변화된 삶을 경험해볼 만한 가치가 있을 것으로 여겨진다.

그땐 살기 위해서 고향을 버리고 도시의 일자리와 일터를 찾아 떠나온 신세였다면 지금 시대에 도시인이 귀농하는 처지는 과거와는 사뭇 다르다. 물론 절박한 처지에 시골로 내려가는 때도 있겠지만, 대체로 농어촌의 현지 정보와 실정을 이해하고 충분한 준비와 계획을 세운 뒤에 귀농·귀촌을 결심한다는 점이 다르다.

어떤 이유와 목적으로 귀농과 귀촌을 할지라도 목적이 분명해야만 농어촌 생활에서 시행착오와 실패를 줄이고 최소화할 수 있다. 귀농이 좋을지, 귀촌이 좋을지는 자신의 여러 입장과 처지에 따라 세운 목적과 목표한 계획에 의해서 분명히 결정할 문제다. 그리고 귀촌을 한 후 농촌에 적응해가며 점차 귀농으로 전환할 수도 있다. 원칙이 없는 만큼 단계적으로 실현할 수도 있을 것이다. 문제는 귀농이든 귀촌이든 철저하고 구체적인 계획에 의해야 하며 귀농과 귀촌 목적이 뚜렷해야 한다는 점을 다시 한번 더 강조하고 싶다. 이렇다 보니 전남도에서는 농어촌 귀농·귀촌 지원사업인 '전남에서 먼저 살아보기' 사업을 개인이나 마을공동체를 대상으로 운영 중이다. 또한, 전국의 지자체별 체류형 농업창업 지원센터를 통해 귀농 결심에 도움을 주기 위해 예비 귀농인을 대상으로 다양한 실제 체험 프로그램을 제공하고 있다.

다음으로 귀농·귀촌에 대한 이유와 목적 등은 조사나 관련 자료 등을 충분히 알아본 만큼 귀농 귀어를 희망하시는 분들의 이해를 돕고 참고가 되기 위해 귀향을 통해 귀촌·귀어를 꿈꾸는 이유와 목적을 필자의 생각으로 정리해 보았다.

첫째, 고향을 떠나 도시에서의 삶을 살 만큼 살아 봤으니 이제 낙향할 때가 되었다. 남은 삶과 열정을 고향 땅에서 조용히 바치겠다는 꿈꾸어 온 결심을 실행에 옮기기 위해서이다.

둘째, 제2~3의 인생을 가진 지식과 경험을 바탕으로 나를 위함이 아닌, 고향의 마을이나 지역 공동체에 전수나 공유를 통해 자그만 보탬이 되는 가치 있는 삶을 살고 싶어서이다.

셋째, 내가 가장 좋아하고 잘할 수 있는 일들을 종합하고 압축해 남의 것이 아닌 손수 땀 흘려 직접 체험하고 일한 보람으로 삶의 마지막 열매를 내 손으로 직접 거두고 싶기 때문이다.

넷째, 내 고향 통영만이 가진 정서와 문화를 여유롭고 평온한 마음으로 향유하며 즐기고 싶다. 이것이 나의 취미 생활과 취향이 맞을 것 같아 더욱 간절하게 나를 이끈다.

다섯째, 쉽게 남이 가지 않는 길을 선택하기 위해서이다. 쉬운 일은 아무나 할 수 있지만 어려운 일을 시작하기 위해서는 결단과 신념 열정을 더 필요로 한다. 모험을 통해 나를 실험하고 연단하여 나만의 작은 성취를 맛보기 위해서이다.

여섯째, 숨 가쁜 도시의 일상에서는 현실적으로는 도저히 할 수 없었던 일들을 이제는 복잡하고 분주했던 삶을 내려놓고 차분히 하나하나 정리하는 삶을 살고 싶기 때문이다.

독자 여러분의 귀농·귀촌하려는 생각과 이유는 무엇인가?

연령의 차이에 따라 각자의 입장과 처지에 따라 다르겠지만 일부는 필자의 생각과 일맥상통하는 부분이 있을 것으로 생각한다.

물론 이러한 생각들 때문에 귀농·귀촌을 생각하는 것은 연령과 시기, 사회적 현상에 따라 다를 것으로 생각한다. 저마다 연령대별로 생각하는 사고와 관점이 다를 수도 있고, 살아온 세대에 따라 다를 수도 있을 것으로 여겨지기도 한다.

(표1) 나의 인생 사이클

구분	기준	삶의 형태	기간
인생 1막	직장 봉급생활	종속(의존)적 삶	1975년~1997년(22년/44세)
인생 2막	퇴직 후 자영업 생활	자립적 삶	1998년~2020년(22년/67세)
인생 3막	은퇴 후 낙향생활	자주(자유)적 삶	2021년~ ? 년(? 년/ ?세)

* 필자 기준 사례임

어쨌든 필자의 귀촌·귀어 유형 역시 고향으로 회귀하는 U턴형이라는 점은 귀향이라는 공통점을 가졌다. 귀농·귀촌의 결정적인 요소에 고향이 자리 잡고 있다는 사실이다. 무엇보다 귀농·귀촌에 중요한 요소는 농어업에 대한 열정과 귀농 귀어를 통해 성공 모델이 되겠다는 자신의 실천 의지가 중요하리라 본다.

자신이 생각하고 계획하는 제각기 다른 목적을 달성하기 위해 어떻게 해야 할 것인가? 그 정답은 아무도 말해 주지 않는다. 오직 자신의 몫이기 때문이다. 처음에는 귀농 생활이 서툴지라도 농사에 뛰어나고 고기를 잘 잡는 농부나 어부를 따라잡기 위한 부단한 노력이 필요할 것이다. 때로는 배움과 모방을 통해 시간을 단축할 수 있을 것이다. 그다음은 스스로 개선하고 혁신하려는 노력만이 귀농·귀촌에 성공할 수 있는 길이라고 생각한다.

필자가 귀농·귀촌을 꿈꾸는 독자 여러분에게 조언하고 싶은 말은 전국의 농어업 현장을 돌며 확인한 결과 농업경영에 성공한 모델 대다수는 농촌 출신보다 U턴했거나 산업화에 익숙했던 도시 출신 귀농인이 성공한 사례가 훨씬 많다는 사실이다. 이를 기억하고 귀농·귀촌에 더욱 자신을 가졌으면 하는 바람이다.

▲바다의 땅, 내 고향 통영 다도해의 평화로운 섬마을

준비과정에서 결단에 이르기까지

시작이 반이라는 이야기가 있지만 시작한다는 것은 준비과정에 불과하며 마무리 과정에서는 꼭 결단해야만 시작의 의미가 있다.

시작은 반이 아닌 전부며, 시작 그 자체가 완성이며, 성공이어야 한다고 생각한다. 그만큼 시작의 의미가 중요하다고 보기 때문이다.

인생을 마라톤에 많이들 비유하곤 한다. 42.195km 출발선에서의 출발을 했다면 있는 힘을 다해 완주하여 결승선 테이프를 끊어야 한다. 기록은 중요하지 않을 수 있지만, 완주는 자신만의 짜릿한 성취감을 맛볼 수 있다. 귀농·귀촌 준비과정과 결단에 대해 마라톤 이야기를 통해 더 나누고자 한다.

1992년 스페인 바르셀로나 올림픽 마라톤 금메달의 주인공 '황영조' 선수를 다들 기억할 것이다. 일본 선수와 숨 막히는 레이스를 펼친 끝에 결승선 테이프를 끊는 감격스러운 순간을 지금도 잊지 못하고 있다. 황영조 선수의 금메달 쾌거는 그 준비과정에 1936년 베를린 올림픽에서의 손기정 옹이 있었기 때문이다. 이미 작고한 손 선수의 회고록과 황 선수의 증언에 의하면 "나는 대한민국 선수였지만 일장기를 달고 우승한 것이 평생의 한이 되니 후배가 꼭 태극기를 달고 올림픽 우승을 통해 그 한을 풀어 달라"라고 격려와 당부를 아끼지 않았다는 이야기가 전해지고 있다. 아이러니하게 황 선수의 결승 상대는 일본 모리시다 선수였다. 황 선수의 기록은 2시간 13분 23초였으며, 2위를 차지한 모리시다는 2시간 13분 45초였다. 42km가 넘는 거리에 120분이 더 걸리는 시간에 22초 차이는 정말 간발의 차이다. 아마도 손기정 선수의 한을 풀어 주기 위해 황 선수는 죽을힘을 다해 서리라 생각한다. 특히 상대인 일본 선수를 기필코 이기고 말겠다는 비장의 결심을 했을 것이 분명하다.

준비과정과 결과물은 베를린에서 바르셀로나까지 무려 56년의 긴 세월 준비과정을 거쳐 이룬 금자탑이다. 일제강점기와 일장기 말소 사건의 헛소리와 아픔을 깨끗하게 날려 버린 역사적으로 기록된 순간이었다.

또한, 2020년 2월 9일(현지) 로스앤젤레스에서 개최된 세계 대중문화를 대표하는 제92회 아카데미 시상식에서 '봉준호' 감독이 영화 '기생충'으로 작품상, 감독상, 각본상, 국제영화상 부문 오스카상 4관왕을 차지한 놀라운 역사를 쓰기도 했다. 101년 한국영화사 새 이정표를 세웠다. 이는 한국민은 물론 세계인을 놀라게 한 영화계 대사건이기도 했다. 92년 아카데미 역사상 외국영화로는 최초이다. 특히 한민족의 문화강국을 주장한 김구 선생의 유시도 해방 전후 80여 년의 세월이 흘렀다. 뜻을 세워 목표한 목적을 달성하기 위해서, 준비과정에서 성공을 거두기까지는 멀리는 100년 적게는 50년 이상이 걸린다는 사실을 우리 마라톤 역사와 영화계 역사를 통해 알 수 있다. 이처럼 부단히 노력하면 언젠가는 좋은 결과를 얻을 수 있다는 사실을 증명해 주고 있다.

귀농·귀촌 준비과정도 대략 2~3년 정도 걸린다고 하지만 어쩌면 일생 전부의 시간과 과정이 소요될 수도 있을 것이다. 누구든 일생에서 한 번은 꼭 결단을 내려야 할 기회가 있기 마련이라고 한다.

월스트리트 메릴린치 부사장에서 일본 지자체 이즈모시의 시장이 된 '이와쿠니 데쓴도'의 자전적 책 이름이 『남자가 결단을 내릴 때(1994)』이다. 결단 내용은 기회의 땅 미국에서 고국인 일본으로 회귀하는 것이며 금융 경영인에서 험난한 정치, 행정가로 변신하는 모험이 필요했다. 어찌 보면 도시 생활을 접고 농촌으로 내려가는 귀농·귀촌 역시 모험적 결단을 요구한다.

결단력(Resolution)은 판단을 위한 방해가 되는 과도한 초점과 부정적인 감정을 정리하는 것으로 요약과 배제가 필요하다. 농촌에 대한 감성적 생각보다는 더욱 냉철한 이성적 판단도 필수다. 이제껏 살아오면서 쌓은 혜안과 통찰력도 판단에 많은 도움이 될 것이다. 특히 의사결정에는 열정도 중요하지만, 과도한 열정보다는 오히려 자연의 섭리를 따라야 하는 농촌에서는 조절된 열정(Controlled

Passion)이 요구되기도 한다. 자연환경과 농사는 사람이 가진 열정이 무용지물이 될 경우도 있기 때문이다. 열정 관리에도 절제를 통한 균형적 감각과 적절한 조절이 필요하다. 미국 대통령이 되기 전 탁월한 기업가였던 '트럼프' 역시 모든 결과는 결국 실행에서 드러나며, 행동하고 위험을 감수해야만 현장 활동에서 배워 결과적으로 성공할 수 있다고 했다.

그렇다면 귀농·귀촌을 위한 준비과정에서 결단을 내리기까지의 과정을 살펴보도록 하자.

필자가 귀농·귀촌을 하려는 분들에게 당부하고 싶은 말은 농촌은 도시와 많이 다른 만큼 막연한 동경과 환상은 금물이다. 환경이 다르고 사람이 다르고 생각이 다르고 정서가 다르고 모든 것과 조건이 도시와 다르다는 점을 명심하고 접근해야 한다는 점이다. 그리고 자신이 농업에 적합한지 아닌지를 알아보는 자가 진단은 필수다. 특히 농업을 직업 전제로 한다면 영농적성검사를 통한 본인에 대한 적성 파악이 우선 이뤄져야 한다.

귀농에 대한 준비절차와 내용 등은 이미 귀농·귀촌 가이드 서적, 전국의 귀촌 지원센터, 농업기술센터, 지자체별 귀농·귀촌 유치 홍보전, 귀농·귀촌 박람회 등을 통해 많이 알려져 있으므로 귀농·귀촌 절차와 정보 등은 간략히 소개하고자 한다. 우리가 땅을 사거나 아파트 등 집을 살 때도 구체적으로 살펴볼 일이 한둘이 아니다. 미래 투자가치, 환경, 병원, 쇼핑 시설, 교통, 주변 시세 등을 자세히 알아보고 확인한 후 계약을 체결한다. 하물며, 일생을 결정짓다시피 하는 귀농·귀촌은 말할 나위 없이 신중하고 철저히 준비해야 한다.

무엇보다 중요한 것은 본인이 직접 현장을 찾아다니며 발품을 팔아 얻은 정보가 가장 정확한 판단 기준이 된다는 점이다.

귀농·귀촌을 위한 준비절차는 아래와 같다.

본 내용은 귀농을 전제로 작성하였으며 절차는 각자 여건과 상황에 따라 다를 수가 있다는 점을 고려해 주기 바란다.

1. 귀농·귀촌을 위한 정보 탐색 단계
2. 귀농 가능지역 선정을 위한 현지 조사
3. 귀농 결심과 가족 동의 절차
4. 적합한 재배 작목 선정
5. 영농 기술 학습 및 습득
6. 주거 형태 결정 및 구입
7. 경작지 구입 및 임차
8. 귀농 및 영농 중장기 사업계획 수립

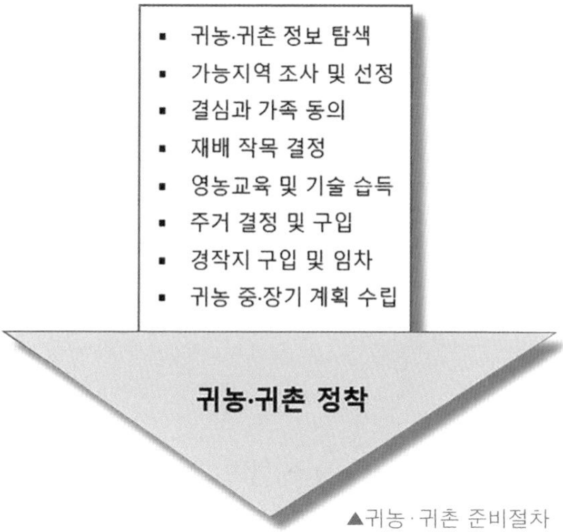

- 귀농·귀촌 정보 탐색
- 가능지역 조사 및 선정
- 결심과 가족 동의
- 재배 작목 결정
- 영농교육 및 기술 습득
- 주거 결정 및 구입
- 경작지 구입 및 임차
- 귀농 중·장기 계획 수립

귀농·귀촌 정착

▲귀농 · 귀촌 준비절차

또한, 귀촌하되 농사를 짓지 않고 농업 관련 사업이나 다른 업종으로 사업을 하는 경우 절차는 귀농과 유사하나 사업내용이나 귀촌인 사정에 따라 달라질 수 있다.

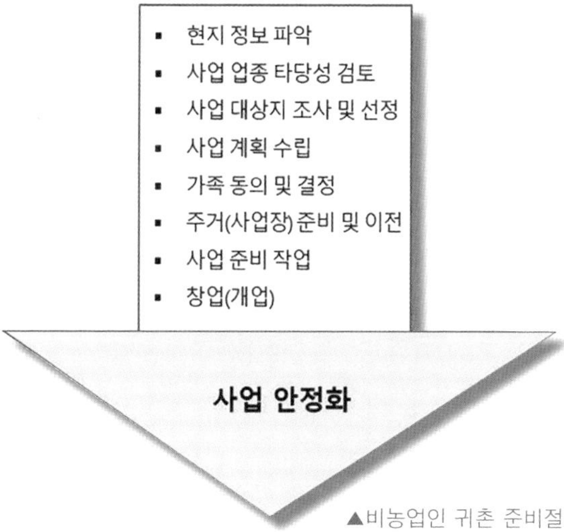

- 현지 정보 파악
- 사업 업종 타당성 검토
- 사업 대상지 조사 및 선정
- 사업 계획 수립
- 가족 동의 및 결정
- 주거(사업장) 준비 및 이전
- 사업 준비 작업
- 창업(개업)

사업 안정화

▲비농업인 귀촌 준비절차

농사를 짓지 않고 귀촌하여 창업하는 경우는 사업업종이 도시와 별반 다를 바 없으나 시골 주민인 고객이 도시인과 다르다는 점을 유의하여 업종을 선정하여야 한다. 사업구상은 현지 사정에 맞게 사업계획을 수립하여 시행착오를 최소화할 수 있어야 한다. 사업 시작 단계에서부터 꼼꼼히 파악하고 챙겨야 사업의 성공 여부를 떠나 위험부담을 줄일 수 있다. 귀촌 자체가 시골에서의 새로운 창업이다. 도회지나 농촌 구분 없이 창업하여 사업에 성공하기 위한 기본요소는 입지, 업종, 자질, 자금, 환경 등의 결정과 준비에 따라 성적표가 달라진다.

여러분의 생각은 어떤 요소가 가장 중요하다고 생각하는가?

어떤 이는 자금력, 또 다른 분은 아이템 선정, 혹은 입지인 목이 좋아야 한다고 할 것이다. 물론 이러한 조건을 갖췄다 할지라도 경제 여건과 환경이 좋지 못하면 사업이 쉽지 않다. 2020년 연초에 중국 우한발 코로나19바이러스의 경우 단순한 경기둔화와는 비교할 수 없을 정도의 무서운 경제 절벽을 몰고 왔다. 모든 사회적, 경제적 활동이 중단되고 마비된 상태기 때문이다. 국민과 사업자들에게는 견디기 힘든 어려운 시련을 안겨 주었다.

물론 이러한 창업과 사업에 영향을 미치는 요소는 창업자의 입장과 여건에 따라 다소 차이가 있겠지만 필자의 의견은 분명하다. 잘하고 못하고의 차이는 무엇보다 사업자의 '자질'에 달렸다고 생각한다. 장사는 주인의 손에 좌우되기 때문이다. 우리나라 창업자들이 5년 내 생존율이 30%밖에 되지 않는 이유가 이 때문이다. 그렇지만 우리나라 암환자의 70%는 치유된다고 한다. 이것은 우리나라가 암에 대한 의술이 선진화되었다는 증거다. 의료 장비와 의사의 자질이 명의 수준에 이르렀기 때문이다. 과거에 재벌 회장이 암이 발병하면 치료를 미국 등에서 받았던 사실을 기억해 보면 더욱 분명해질 것이다. 이제는 암 치료하러 외국에 가지 않고 국내서 치료하는 것이 우리나라 의술을 신뢰하며, 곧 우리 의사의 자질이 탁월하다고 믿기 때문이다. 5년 내 창업자가 70~80%나 폐업하는 이유는 전적으로 경영자 자질 부족에 있다고 본다. 준비되지 않고 자질을 충분히 갖추지 않고서는 치열한 경쟁에서 살아남을 수 없다는 것은 자명한 사실이다.

고향으로 회귀하는 귀농인은 다르겠지만 낯설고 익숙하지 않은 곳으로 귀촌하여 농업을 하든 비농업을 하든 정착한다는 것은 결코 쉬운 일이 아니다. 영국의 청교도들은 1620년 메이플라워호를 타고 북미로 건너갔다. 이들에 의해 미국 개척시대를 열어 오늘의 미국을 건설한 것처럼 생사를 건 '프론티어 정신'(Frontier Spirit)이 필요하다. 오죽하면 귀농·귀촌을 사회적 이민이라고까지 할까? 귀농·귀촌도 청교도들 못지않은 개척정신이 요구된다. 로버트 프로스트(R. Frost)의 시 '가지 않는 길'과 같으며, '나는 남들이 덜 간 길을 택했고 그것이 모든 차이를 만들었다'는 것과 같은 것이다.

필자 또한, 오래지 않아 귀향할 것이다. 귀농·귀어를 하는 이유를 밝혔듯이 남이 가지 않은, 쉽지 않은 길을 선택하고 준비하고 있다. 생각만 있고 계획만 오래 세우다 보면 결심을 하는 데 오히려 방해될 수 있다. 물론 때가 있다고 하지만 현명한 판단으로 자신의 귀농·귀촌 적기를 놓쳐서는 안 될 것이다. 나이가 한 살이라도 더 먹기 전에 젊고 의욕이 있고 체력이 받쳐 줄 때 내려가야 정착하는 데 유리한 것은 당연한 일이다.

나이가 들고 늦어지다 보면 꿈꿔 왔던 전원생활이 영원히 멀어질 수도 있다.

염려와 두려움은 우리 삶 가운데 도시 생활자나 농촌생활자나 공통의 걱정거리다. 어차피 갈수록 힘들어지는 세상에 도회지 생활에 대한 미련을 내려놓고 농촌에서 여유롭고 자유로운 삶을 영위하고 싶다면, 차라리 귀농·귀촌 결심을 통해 도시에서 느끼는 삶의 무거운 짐을 훌훌 털어버리는 기회로 삼았으면 하는 바람이다.

『농부가 된 의사 이야기(2019)』 수필을 펴낸 '이시형' 박사는 글에서 "흙먼지 덮어쓴 농부가 되었다. 그렇게 편할 수가 없습니다. 엄마 품에 안기듯 푸근합니다. 이게 흙이 주는 축복이요 매력인가 봅니다." 라고 시골 생활을 찬미하고 있다.

영국의 정통파 수필을 도입한 '이양하' 선생의 수필집 『신록예찬(新錄禮讚)(1997)』을 읽노라면 귀농·귀촌을 결심하지 않을 수 없을 것이다.

눈을 들어 하늘을 우러러보고 먼 산을 바라보라. 어린애의 웃음같이 깨끗하고 명랑한 오월의 하늘, 나날이 푸르러 가는 이 산 저산, 나날이 경이를 가져오는 이 언덕 저 언덕, 그리고 하늘을 달리고 녹음을 스쳐오는 맑고 향기로운 바람 우리가 비록 빈한하여 가진 것이 없다 할지라도 우리는 이러할 때 모든 것을 가진 듯하고, 하늘을 달리어 녹음을 스쳐오는 바람은 다음 순간이라도 곧 모든 것을 가져올 듯하지 아니한가?

신록예찬을 읽고도 시골의 매력에 반하지 않고 결심이 서지 않는다면 여름이 가고 온 대지가 황금 물결로 일렁이는 풍요로운 가을 들판으로 나가 보자. 추수가 끝나고 땀 흘린 노고를 내려놓은 만추(晩秋)! 수고한 농부가 쉴 즈음 서산 넘어지는 노을빛의 아름다움을 맞이하며 음미해 본다면 생각이 달라질 것이다. 귀농·귀촌 결단은 독자 여러분의 몫이다. 우리의 농어촌은 여러분을 언제나 기다리며 내려오기를 열렬히 환영할 것이다.

소멸위기에 직면한 우리의 농어촌을 독자 여러분의 귀농·귀어 결단으로 지켜가기를 기대한다.

제3장

이 세상에 쉬운 것은 하나도 없다

농어촌이 도시 생활보다 몇 배가 힘들다

세상에서 그저 얻어지는 것은, 단 하나도 없다. 얻는다는 것은 땀과 눈물로만 얻어지는 결과물이다. 흔히들 세상에는 그 어떠한 공짜도 있을 수 없다는 이야기와 같다. 불로소득으로 치부되는 주식, 부동산 투자도 면밀한 분석과 발품을 팔아야 한다. 심지어 복권도 꾸준히 사서 투자하지 않고는 부러움의 대상이 되는 일확천금의 복권에 당첨될 리 만무하다.

성경 구절에는 유독 힘들이지 않고 그저 얻는 공짜를 인정하지 않는 구절이 많다. 아마도 노동을 신성시한 것인지도 모른다. 눈물로 뿌린 씨앗이 기쁨의 열매를 수확한다고 되어 있다. "눈물을 흘리며, 씨를 뿌리는 자는 기쁨으로 거두리로다. 울며 씨를 뿌리러 나가는 자는 반드시 기쁨으로 그 곡식의 단을 가지고 돌아오리로다."(시편 126장 5~6절). 심지어 "일하기 싫어하는 사람은 먹지도 말게 하라." (데살로니가후서 3장 10절) "게으른 자여 개미에게로 가서 그

하는 것을 보고 지혜를 얻어라."(잠언 6장 6절)라고 명하였다.

중국 당나라 백장(百丈) 선사는 '하루 일하지 않으면 그날은 먹지 않는다.(一日不作一日不食)'는 강령을 실천하였다. 90세 고령에도 낮에는 일하고 밤에는 수행에 전념했다고 전해 온다. 성경 구절과 너무나 일치하고 있음에 놀랍다.

조선 후기 최대의 실용백과 사전인 풍석(楓石) 서유구 선생이 지은 임원경제지(林園經濟志)는 농업을 비롯한 16개 분야 113권의 방대한 서책이다. 동시대의 다산 정약용 선생의 목민심서, 경세유표 등에 가려 널리 알려지지 않은 점이 아쉽다.

농업과 유기농법 지침서인 임원경제지 본리지(本利志) 편의 뜻은 봄에 밭 가는 것이 본(本)이요, 가을에 수확하는 것이 '리(利)'라고 했다. 선생은 낙향해서도 "힘써 일하며, 먹고 살면서 뜻을 기르는 일에 힘쓴다."라고 하면서 조선에는 시골에 살면서 뜻을 기르는 데 필요한 책은 수집해 놓은 것이 거의 없어서 시골에서 사는 데 필요한 내용을 대략 채록했다고 했다.

다산 정약용 선생이 화려한 관료로 국가 경제에 주력한 반면 풍석 서유구 선생은 관직도 했으나 애민정신에 의해 일반 백성의 순수 농촌 농업과 농민의 생활 향상을 위해 책을 썼다. 옛 인물 중 낙향해 초야에 묻힌 선비보다 주요 관직에 등용된 인물이 잘 알려지기는 예나 지금이나 마찬가진 것 같다. 물론 정약용, 정약전, 윤선도, 김정희 선생 모두 귀양 또는 낙향해 좋은 작품들을 남긴 공통점을 가진다. 목민심서(牧民心書)는 강진에서, 자산어보(玆山魚譜)

는 흑산도에서, 어부사시사(漁父四時詞)는 보길도에서, 세한도(歲寒圖)는 제주도 유배지에서 작업하여 역작을 후세에 남겼다. 오히려 환경이 열악한 유배지에서 좋은 작품을 만들 수 있었던 것은 한성과 같은 도시가 아닌 환경 조건이 농어촌이었기 때문에 가능했을지도 모른다.

우리 선조들은 주어진 조건에 구애받지 않고 어려운 환경을 극복하고 관직을 떠나 유배나 낙향을 통해서도 끊임없이 노력해 왔음을 알 수 있다. 여러분들도 귀농·귀촌하여 도시에서 해 보지 못한 자신만이 꿈꾸던 생애 역작을 만들어 보기 바란다.

세상에 쉬운 일이 없고 농어촌이 도시 생활보다 어렵다는 이야기를 전개하려다 보니 예문 등이 길어졌다. 이제부터 도시 생활보다 농어촌이 왜 몇 배가 힘들다고 생각할까?에 대해 이야기를 나눠보도록 하자.

도시에서 오랫동안 살든 사람이 시골살이한다는 것은 거북이가 바다에서 육지의 모래사장에 나온 것과 같다고 본다. 도회지보다 모든 환경과 생활조건이 색다른 농촌 생활에 당장 익숙해지기엔 상당한 시간도 필요할 것이다. 더구나 한번도 경험해본 적이 없고 낯선 탓에 도시인에게는 생소한 농어촌에서 적응하기란 당연히 어려울 수밖에 없다. 육지에서는 느린 거북도 바다에서는 헤엄 속도가 빠른 동물이다. 역으로 농촌 생활에는 익숙한 시골 사람이 복잡한 환경의 도시에서 적응하기란 피차 쉽지 않을 것이다.

이처럼 새롭고 생소한 환경에 적응하기 위해서는 무엇보다 과거 생활에 대한 마음과 태도를 접고 오직 현지 생활에 적응하려는 태도와 노력이 필수적이다. 수륙양용 비행기의 기능과 작동이 물 위에서와 지상에서는 그 기능이 서로 다른 것과 같다. 그러기 위해서는 농어촌은 전혀 다른 세상이라는 점을 이해하고 농촌 생활 적응을 위해 단단한 각오를 하고 내려가야 할 것이다. 부모님 슬하에서 사랑만 받고 자란 딸이 낮은 곳으로 출가해 시집살이하는 것과 다를 바 없다. 친정이 도시라면 시가집은 시골이라 생각하면 된다. 시집살이는 시어머니 등의 시집살이 정도에 달렸다. 오죽하면 시집살이를 벙어리 삼 년, 귀머거리 삼 년, 장님 삼 년으로 친정어머니가 이 교훈을 죽은 듯이 지키라고 했을까? 그럼에도 불구하고 지혜로운 새댁은 시집살이에 잘 적응해 시어머니까지는 몰라도 시아버지의 사랑을 독차지하기도 한다.

시어머니의 시집살이 정도는 귀농한 지역 주민의 민심과도 비슷할 것 같다. 어르신들의 간섭, 원주민들의 텃세와 소외 등을 참아가며 비위를 맞춰가야 할 것이다. 도시 생활에 익숙한 습관 등은 모두 버리지는 못하겠지만 현지인에게 도시 생활 티를 내기보다는 농촌 습관에 될 수 있으면 맞춰가야 한다. 즉 현지인과 함께 호흡하고 동화되는 자세와 태도를 보여야 할 것이다. 특히 도시의 문화적 생활과 비교하면 시골은 전혀 사회적 인프라가 갖춰져 있지 않다는 푸념이나 불평을 결코 해서는 안 될 것이다. 로마에 가면 로마법을 따라야 한다는 말을 명심하면 오히려 적응이 쉬워질 것이다.

대신증권 조사 자료에 의하면 농어촌에 적응하기 가장 힘든 이유는?

이질적 문화의 충돌과 함께 '선입견과 텃세'로 나타났다. 이런 이유로 지역 주민과의 관계가 쉽지 않다고 호소하고 있다. 이러한 어려움은 무려 43%를 차지하고 있는 현실이다. 물론 문화중심인 대도시의 도서관 박물관 미술관 방송국 공원 등 문화시설이 집중된 곳에서 오랜 혜택을 누려온 도시인 입장에서 보면 농촌에 왔다고 쉽게 버릴 수 없는 것도 많이 있을 것으로 본다. 특히 시골보다 편의 시설 교통 오락 및 교육 의료 쇼핑 등 풍부한 사회적 인프라에 익숙했던 도시인으로서는 시골 환경과 많은 대조가 되기 때문에 쉽게 적응하지 못하는 이유를 충분히 이해된다. 그러다 보니 이러 저러한 이유로 서로 간 선입견을 품게 되는 것은 당연하다고 여겨진다. 그렇지만 여유롭게 마음의 편안함 가운데 시골에서 건강한 삶을 꿈꾼다면 달콤한 도시적 혜택은 내려놓아야 할 것이다.

자신 스스로 선택한 귀농·귀촌에 대한 꿈을 온전히 가꾸어 가고 정착하기 위해서는 놓치고 싶지 않은 과거 도시 생활의 달콤한 맛은 잊어버려야만 할 것이다. 우리나라는 도시 집중화가 높아 사람이 북적대고 수많은 차로 복잡한 도시거주자가 무려 90%에 이른다.

이 또한 주말이나 휴일이면 복잡한 도시를 벗어나 자연과 농어촌을 찾는 이유가 아닐까? 아울러 도시인이 귀농·귀촌을 하려는 이유가 되기도 한다. 특히 과거에는 귀농·귀촌하면 은퇴한 중 장년층이 많았다면 최근에는 40대 젊은 층이 늘어나는 추세다. 청년 농업경영주도 증가 폭이 커지고 있다. 2019년 청년 농민이 4만 명을 돌파했다. 여성경영주도 지속적인 증가를 해주고 있다. 이는 도시만큼 농어촌도 살아볼 만한 가치가 있다고 젊은이들이 농촌에 대한 인식이 바뀌었기 때문이다. 결정적인 이유는 정보화 시대에 도시나 농촌이나 정보기술의 발달과 인터넷으로 인해 지역이나 장소를 구애받지 않고 '디지털 노마드'를 누릴 수 있기 때문이기도 하다. 농어촌으로 젊은이들이 이주한다는 경향은 우리 농업의 장래가 밝다는 모습을 보여 주는 고무적인 현상이다.

결국, 고령화된 과거의 고착된 농어촌 이미지를 탈피하고 젊은 분위기로 전환되는 과정으로 봐야 할 것이다. 농어촌도 교육, 복지, 문화부문만 점차 갖춘다면 도시에서는 누릴 수 없는 자연 친화적인 힐링과 치유 공간을 덤으로 누릴 수 있을 것이다. 하지만, 예전보다는 낮아진 수치이긴 하지만 100명 중 7명 정도가 귀농·귀촌한 농어촌에서 다시 도시로 돌아간다고 한다.

귀농·귀촌에 실패하는 이유를 알아보면

1. 지역선정과 아이템 결정에 실패했으며
2. 귀농에 대한 준비의 기본이 되는 교육이 부족했고
3. 농촌공동체와의 갈등과 관계설정 등이 어려움으로 나타났다.

귀농 지역선정에 있어 가장 중요한 요소는 귀농할 예정지역 지자체가 농업을 가장 역점 사업으로 펼치는 지역이 좋다는 것이다.

지자체장은 물론 영농 정책과 지원자금도 다른 지역에 비해 자연히 높을 수밖에 없다. 참고로 우리나라 농가수가 가장 많은 순위는 경북, 전남, 충남 순이다. 농가수가 많다는 것은 농업을 중심으로 지역 경제 발전을 위한 도정에 주력하고 있다는 점이다. 경상북도의 경우 농림장관을 지낸 이동필 전 장관을 도청 농업 자문역으로 위촉까지 했다.

또한, 농업발전을 위한 교육과 유통 기능을 확대 통합해 경북농업유통교육진흥원을 설립해 활발한 활동을 전개 중이다. 전남의 경우 농림부 장관을 역임한 지사가 녹색의 땅을 내세워 농업을 도정 중점 과제로 펼치고 있다. 농어업 기반이 강한 해남 완도 등을 보면 쉽게 이해되리라 본다. 이러한 사실을 참고해 보면 귀농 지역 선정은 될 수 있으면 농가 수가 많은 지역이 좋을 것으로 여겨진다.

농업에 대한 교육과 학습은 기존 농업인은 물론 귀농자라면 의무며 필수 코스이다. 모든 일이나 사업의 시행착오와 실패 원인은 교육 부족에서 오는 무지이다. 필자가 전국 지자체 등의 특강이나 강의를 가보면 비교적 잘사는 지자체와 농촌은 교육 열기가 뜨겁고 남다르다는 것이다.

신병 훈련장 이미지를 벗고 딸기로 유명해진 논산은 낮에는 농사짓고 밤에 교육을 받았다. 형설지공을 실천하는 모범적인 지자체이다. 땅끝마을 해남은 유명강사가 먼 지방까지 내려가지 않으니 스스로 버스를 대절하여 서울로 상경해 교육을 받고 내려간다. 한우 시장에 후발로 시작하여 우리나라 대표 한우로 자리 잡은 횡성 한우는 교육에 20%를 투자하고 있다. 삼성그룹의 경우 10%를 교육에 투자하는 것과 비교하면 횡성 한우는 명품한우를 수성하기 위해 교육비를 아낌없이 투자하고 있다. 우리나라 참외의 70% 이상을 생산 점유하고 있는 성주 참외는 참외 농사가 끝나면 해외 선진지 견학과 연수를 위해 무려 30여 회 이상 해외를 다녀온 것으로 알고 있다. 우리 농업도 과거처럼 땀 흘려 농사짓는 시대는 끝났다. 지식농업으로 경쟁에서 살아남는 길을 교육과 연수에서 찾아야 할 것이다.

지역 공동체와 현지 주민과의 관계설정과 갈등 해소를 통한 원만한 관계유지는 앞에서 여러 내용과 사례 등을 언급했지만 소통 부재에서 오는 요인이 가장 크고 많을 것으로 생각한다. '시골 사람이 농사만 짓고 살았으니 무얼 알겠냐?' 식의 인식과 선입견은 금물이며, 가장 큰 문제 요인 중의 하나이다. 도시에서 알던 지식은 시골에서는 통하지도 않고 아무 소용이 없을 수도 있다. 할아버지처럼, 아버지와 어머니처럼 생각하면서 순종하고 존중하는 마음과 자세를 가진다면 아무리 어려운 갈등도 새봄이 오는 냇가에 얼음이 녹아내리듯 사르르 풀려나갈 것으로 생각한다. 모든 문제의 원인은는 상대방이 아닌 자신에 있다는 사실을 염두에 두고, 시골 노인들을 탓할 게 아니라 자신부터 먼저 변화한다면 모든 어려운 일들이

순조롭게 풀릴 것으로 본다. 자신은 변하지 않고 상대방의 변화를 요구하는 것은 절이 싫으면 절이 떠나는 것이 아니라 스님이 떠나야 하는 것과 같다. 무조건 내 탓으로 인정하고 마음을 내려놓고 이기지 않으려고 한다면 현지인들도 마음의 문을 열고 공감과 공존의 길로 분명 나올 것이다.

과거 도시인으로서 살아왔던 잠재된 우월감을 내려놓기 바란다. 자신의 주장보다는 현지인과 마을공동체를 먼저 생각하고 한 발 물러서는 진정성을 보이면 된다. 그러면 여러분 앞에 크고 작은 갈등과 문제점은 사라지고 마음이 자유롭고 평화로운 지상낙원이 펼쳐질 것이다.

정착에 가장 힘든 것은 지역 민심이다

농어촌 지역 민심(民心)에 관한 이야기를 하려면 농심(農心)이란 의미를 살펴봐야 이해가 쉬울 것 같다. '농심'은 곧 '농부(農夫)의 마음'이기도 하다. 농심(農心)은 천심(天心)이라고까지 한다. 농심을 왜 천심이라 할까?

농업을 농자천하지대본(農者天下之大本)이라 해서 그럴까? '농업은 천하의 사람들이 살아가는 큰 근본'이란 의미다. 필자의 또 다른 생각은 농사는 천지인(天地人)이 하나가 되어야 한다고 본다. 농업은 하늘의 뜻과 땅의 기운과 사람의 노력이 합쳐져 얻어지는 결실이다. 이농심행무불성사(以農心行無不成事)는 (주)농심의 경영철학이기도 하다. '농심으로 행하면 이루지 못할 것이 없다. 서둘지 말고 모든 일을 순리에 맞게 이끌어 간다면 그 결실도 가장 바람직한 것이 되지 않겠는가.'

기업경영을 함에 있어 농부의 마음가짐으로 하자는 기업의 경영철학이다. 농부는 '콩 심은 데 콩 나고 팥 심은 데 팥 난다.'라는 진리에 순응하는 정직한 사람이다. 씨를 뿌려 가꾸고 뿌린 만큼 거두는 농부는 헛된 욕심과 부당한 이득을 취하려 하지 않는다. 농사와 농부는 뿌리고 수확하는 법칙과 땅은 정직하다는 것, 하늘과 땅은 사람을 차별하지 않는 법칙을 잘 알며 이에 따른다. 오직 정직하고 성실히 땀 흘려 묵묵히 일하는 것이 농부며 마음이다. 농심에는 진심(眞心), 중심(中心), 안심(安心)이 담겨 있다. 진심은 정직과 진정성이 녹아 있으며, 중심은 농부로서 줏대가 분명하며, 안심은 생명을 책임지는 안전 먹을거리를 생산하는 사명이다.

우리 농업을 대표하는 쌀농사는 아직도 어르신들은 하늘처럼 여긴다. 그만큼 쌀이 소중한 식량이기 때문이다. 쌀농사를 지으려면 무려 88번의 손길을 거쳐야 흰 쌀밥이 우리 입에 들어오게 된다. '쌀 미(米)'자를 풀어보면 '八十八'이 되고 88세 나이를 미수(米壽)라 부르는 것도 의미심장하다.

이처럼 농심이 바탕이 되는 지역 민심은 쌀농사처럼 어렵다. 지역 민심이 농심이며 곧 농부의 마음이 농심임을 알 수 있다. 결과적으로 귀농·귀촌한 지역에서 뿌리를 내리기 위해선 지역의 민심이 되는 농심을 잘 헤아려야 한다는 의미가 된다.

옛날에는 시골 인심이 어머님 정성과 버금갔던 시절이 있었다. 그런데 요즘은 도시 사람들이 농어촌 인심이 예전과 같이 못하다는 푸념이 많아졌다. 물론 다 그런 것은 아니지만, 때론 산지 농산물값이 오히려 도시보다 비싸다는 이야기도 나오고 있다. 심지어 시골 인심이 도시 인심보다 각박하다는 말들까지 하고 있다. 필자가 경험한 어느 기초지자체에서 면 단위 중 송사가 가장 많은 지역에 가보았다. 물론 토착민만 살 때는 그런 일이 없었지만, 외지인이 들어오면서 송사가 끊임없이 발생하고 있다는 것이다. 외지인이 들어와서 측량 후 사유지라는 명목으로 예전부터 다니던 농로를 막아버리기도 한다. 현지인이 말을 듣지 않으면 외지인은 모든 일을 법적으로 대응하려 한다. 현지인들도 어쩔 수 없이 대항하다 보니 더 무섭게 변했다는 이야기가 나오게 된다.

'평화(平和)'란? '和'의 뜻은 입을 통해 공정하게 함께 나눠 먹을 때 갈등이나 전쟁 없이 평화가 유지될 수 있다는 이야기이다. 전쟁은 언제나 한쪽이 많이 차지하려거나 상대의 먹이를 욕심내거나 가로채려고 할 때 일어나기 마련이다. 부채표 가스 활명수로 유명한 동화(同和)약품은 1897년 동화약방으로 시작해 회사 상호가 뜻하는 것처럼 서로 화합하는 기업 정신으로 123년의 역사를 이어 오고 있다. '이인동심(二人同心)' 두 사람이 마음을 합치는 경영철학을 담고 있다. 우리나라 최장수 기업은 동화약품과 두산그룹을 꼽고 있다.

살벌하고 치열한 경쟁에서 오직 살아남기 위해 힘들고 복잡한 도시 생활에서 살아왔다면 이제는 좀 단순하고 편하게 살아야 하지 않을까? 우리의 인생은 무한(無限)할 수 없기 때문이다.

톨스토이는 "행복의 이유는 비교적 단순하지만, 불행의 이유는 다양하고 복잡하다."라고 했다. 도시 생활에서 치열하게 살 만큼 살았으니 이제는 더욱 단순하게 행복을 누릴 수 있는 삶의 터전이 어딘지 고민해 보기 바란다.

과연 농어촌 정착에 가장 힘든 민심을 어떻게 동화시켜야 꿈꿔왔던 농촌살이를 평온한 가운데 즐겁게 할 수 있을까? 실제 사례를 들어 소개하도록 하겠다.

먼저 좋은 이웃과 좋은 사람이 얼마나 중요한지에 대한 이야기이다.

시세의 열 배를 주고 좋은 이웃과 살기 위해 옆집을 산 중국 남송(南宋) 시대의 송계아(宋季雅)와 여승진(呂僧珍)의 이야기이다. 송계아가 퇴직 후 살 집을 보러 다니던 중 여승진이 살고 있다는 이야기를 듣고 100만 냥 하는 집값을 10배를 더 주고 1100만 냥에 구매했다. 백만매택(百萬買宅)이요 천만매린(千萬買鄰)이라 백만 원은 집값이요 천만 원은 좋은 이웃을 얻는 값이란 뜻이다. 여승진은 평소에 성실하고 겸손했으며 학문을 좋아한 탓에 높은 벼슬까지 지낸 당대의 청백리(清白吏)였다. 집이나 부동산을 구하는 조건이 '뷰(View)'가 좋은 산과 강, 호수와 바다가 내려다보이는 조망이 좋은 곳을 선택하는 우리와는 너무나 대조적이다. '아무리 가까운 친인척도 이웃사촌보다 못하다'란 말처럼 우리는 이웃과 함께 살아가고 있다. 시골살이는 차단된 도시 생활과는 다르게 마을 사람들과 이웃이 더욱 중요하다. 한 번의 선택이 10년을 좌우하는 것이 아니라

남은 삶과 평생을 좌우한다.

다음은 도시 직장 생활을 접고 고향인 문경으로 귀촌하여 지역 특화작물인 오미자를 원료로 농식품 가공 판매를 하는 6차산업 인증 경영체 사례이다.

첫째는 귀촌한 입지를 오미자 특구로 지정된 오미자 재배단지 안에 지정하여 가공공장을 설립했다는 것. 둘째는 자가 제품을 팔기에 앞서 지역 농민이 수확한 오미자 원물을 농산물도매시장 등에 적극적으로 팔아 주는 노력을 아끼지 않았다.

현지 가공공장은 지역 주민들의 일자리까지 마련해 주었다. 고향이지만 도시로 떠났다가 다시 귀향하게 되면 곱지 않은 시선으로 보는 인식을 완전히 불식한 사례이다. 먼저 베풀고 나눔을 실천하여 지역 주민과 큰 어려움 없이 화합하여 상생하는 사례이다. 호랑이를 잡으려면 호랑이 굴로 가야 하듯이 마을 주민과 동화하려면 피하지 말고 더 가까이 현지 주민 곁으로 다가가야 할 것이다.

온 마을이 콩밭으로 바뀐 사례도 있다. 다른 지역에 살다가 귀촌한 아낙네 이야기다. 논산에 소재한 콩으로 전통방식의 메주를 만들어 된장 고추장 간장을 생산하는 장류 6차산업 인증 경영체를 소개한다.

초기에는 원료인 콩을 인근 다른 지역에서 전량 수매해 제품을 생산하였다. 지역 주민들을 설득해 벼농사 대체 작물로 마을 전체를 콩밭으로 바뀌게 했다.

마을에서 생산한 콩 전부를 수매해주는 생산자와 제조업이 협력하는 관계를 구축하였다. 아내는 장류 가공을, 남편은 콩 농사를 아들은 마케팅과 판매를 담당하는 가업 승계형 전통식품 가공공장이 되었다. 지역 농민들에게 대체 작물인 콩 생산을 통해 소득을 증가해 서로 공생하는 마을을 만든 사례이다.

강원도 양양 화전민촌 오지에 들어가 농가 맛집으로 시작하여 현재는 힐링단지로 확장한 사례도 있다. 주민은 물론 지역 지자체와 일하기가 너무 힘들어 해결 방편으로 지역 리더로 적극적으로 나서기로 하고, 지역 공동체 사업을 전개하기 위해 마을 이장으로 직접 나선 이야기다. 이름 없던 산골 오지마을이 널리 알려지고 명소가 되기까지 사명감이 있는 강력한 지도자가 꼭 필요하다. 그 역할을 마을 촌장이란 이름을 내걸고 이장을 오랫동안 하면서 아내의 헌신적인 내조와 마을 주민의 협력으로 화전민촌 기적을 만들었다. 오죽했으면 외지에서 들어가 텃세가 센 산촌의 이장까지 하려고 했을까? 농어촌 이장이나 어촌계장을 거치지 않고선 시골 정착은 물론 아무 일도 되는 일이 없을 정도라 할 만큼 힘이 막강하다. 물론 우호적이고 많은 도움을 주려는 선한 이장도 없지 않은 것은 아니다.

이번엔 남편이 군 생활을 마치고 귀촌지로 정한 홍천 산골로 들어간 부부이야기이다.

낯선 곳에 정착하는 데 어려움이 없었느냐는 질문에 처음에 서먹서먹한 것 외는 지금은 너무 편하고 좋다고 했다. 그 이유는 남편은 동네 힘쓰는 일과 잡다한 행정일들을 도맡아 도와주는 일을 한다. 아내는 지역 부녀자들과 어르신들을 부모 이상으로 극진히 모시는 며느리와 같은 역할을 해 오고 있다.

아내는 마을편의시설이었던 공동회관을 임차하여 향토식당을 운영하고 있다. 식당이 잘되는 이유는 곤드레 짬뽕으로 차별화된 메뉴와 맛 때문에 외지 손님도 많지만, 동네 주민들의 구내식당과 사랑방 역할을 톡톡히 하고 있기 때문이다. 주민과의 관계가 얼마나 좋으냐 하면 식당용 김장을 종업원도 없이 내외가 김장하기란 큰일인데 이때 지역 부녀자들이 다 함께 모여 김장 일손을 도와 아주 편하게 끝냈다는 이야기도 전해 주었다. 일당으로 치자면 10명이 10만 원으로 해도 100만 원이 나갈 노동력이다. 남편은 산촌의 야생들꽃을 이용해 양봉 사업과 산촌 가꾸기 사업을 한창 준비 중이다. 아내는 주민과 더 멋진 커뮤니티 공간 조성을 위해 식당 외 주민이 함께 공유할 수 있는 서비스 시설을 확충할 계획이다.

이처럼 아무리 낯선 곳이라 하지만 사람이 사는 곳은 정으로 살아가는 세상이다.

여자는 며느리가 시어머니를 모시듯, 남편은 주민분들을 형님이나 아버지 대하듯 하면 모든 것이 해결될 수 있다는 사례다. 우리는 아무리 고약한 사람이라 할지라도 가족을 홀대하거나 함부로 막대할 수 없는 것이다.

도시나 시골이나 사람과의 관계가 가장 어렵다. 일과 생활이 함께하는 곳이라면 더욱 힘들다. 하물며 농촌과 도시인의 살아온 생활방식이 다르고 각자의 생각이 다르니 그 차이를 좁히기엔 어려운 일이 아닐 수 없다.

성경 다음으로 가장 많이 팔린 책은 '데일 카네기'가 쓴 『인간관계론(1937)』이라고 한다. 카네기가 제시하는 성공적인 인간관계의 4단계를 살펴보면, 1단계가 우호적인 사람이 되는 것. 2단계가 열렬한 협력을 얻어 내는 것. 3단계가 지도자가 되는 것. 마지막 단계가 감동을 주는 소통력이 뛰어나야 한다고 주장하고 있다. 성공적인 인간관계는 사람이 많고 복잡한 관계의 사람 중에 살아가는 도시에만 어렵고 중요한 것이 아니라 시골도 예외일 수는 없다.

오랜 세월 동안 농촌과 마을을 지켜온 어르신들의 체면을 세워주는 마음가짐이라면 별 어려움이 없을 것으로 생각한다. 옛 우리들의 고가에는 조상들의 지혜를 엿볼 수 있다. 문설주나 방문이 낮다는 것은 자세를 낮추고 허리를 굽히라는 겸손의 미덕을 깨우치게 한 뜻이다. 등산하다 보면 소나무가 굽어 지나가기 힘든 곳에 쓰인 글귀를 보면 알 수 있다. 허리를 굽히면 부딪치지 않는다.

시골의 지역 민심을 얻어 정착하기에 가장 힘들다고 하지만 그들의 살아온 삶을 인정하고 체면을 살려 줄 때 시골 사람들과의 동화가 쉬워질 것이다. 그것으로도 안 되면 자세를 낮추어 허리를 굽혀보면 갈등의 고리는 풀릴 것이다.

꽃이 피고 눈이 내릴 때까지 순응하며 기다려야 한다

주어진 자연환경에 순응하며, 가르침에 순종하면서 살아가는 것이 자연 생태계와 인간의 법칙이다. 역행하거나 거역하면 혹독한 대가를 치르게 된다.

순응(順應)과 순종(順從)의 사전적 차이점은 순응이란 '상황의 변화나 주위 환경에 잘 맞추어 부드럽게 대응하는 것'이며, 순종은 '다른 사람이나 특히 윗사람의 말이나 의견에 순순히 따르는 것'을 의미한다. 순응은 '자연과 환경'에, 순종은 '인간관계'에서 위계질서를 지키는 것이다. 순종은 자식은 부모를, 학생은 스승을, 직장인은 상사에, 아랫사람은 윗사람에게 순종하는 것이 인간의 도리며, 갖춰야 할 덕목이기도 하다. 특히 귀촌인은 현지 주민의 말에 될 수 있으면 순종해야 한다. 정리하자면 귀농·귀촌 생활을 지혜롭게 하기 위해선 농어촌의 주어진 환경에 순응하며, 시골 분들의 말에 순종해야 한다는 이야기가 된다. 귀촌의 궁극적 목표는 '자연환경에 순응하며, 시골 분들과 함께 여유롭게 살아가는 삶'이 되어야 한다.

우리 속담에 '어른 말을 들으면 자다가도 떡이 생긴다.'라는 말이 있듯이, 어른이 시키는 대로 하면 실수도 줄일 수 있고, 여러 가지 이득도 생긴다는 말이다. 효도의 기본은 부모님을 공경하는 것과 부모님 말씀에 순종하는 것이다. 문제는 동·식물과는 다르게 인간은 자연에 순응과 적응하기보다는 나름의 방식을 터득해 새로운 고안을 통해 최적의 방법을 찾기를 원한다. 오히려 인간은 자연을 지배하며, 적응해 나가기 위해 자연의 순리에 순응을 거부하며, 역행의 길을 걷기도 한다.

우리에게 당면한 환경재앙은 인간에게 더욱 편안한 방식과 방법으로 살아가기 위해 개발한 시설과 제품 등에 의해 발생한 것들이다. 옛 선인들의 가르침이나 선조들의 삶은 "생긴 대로 살아라."라고 했다. 추우면 추운 대로 더우면 더운 대로 자연을 탓하지 않고 주어진 환경에 오히려 감사하며 순응하며 살아왔다.

공기는 대기의 흐름에 따라 순환하며, 물은 위에서 아래로만 흐르고, 나무는 땅 위에 뿌리를 내려 하늘을 향해 자라는 것처럼 자연의 섭리에 순응하며 저마다 살아간다. 솔잎이 뾰족한 이유는 송충이가 먹기 좋아지라고 뾰족하게 생긴 것이 아니다. 혹독한 겨울 추위를 이겨내어 사시사철 푸르기 위해 잎이 넓적하지 않고 뾰족하게 생긴 것이다. 정글에서 카멜레온 몸의 색이 변하는 이유도 정글의 법칙에서 살아남기 위해 보호색으로 위장하기 위해서다.

남극 펭귄은 무려 영하 70도 혹한에서 물도 먹이도 없이 4개월을 버티어 무리 중 한 마리의 희생도 없이 모두 살아남는다. 이 놀라운 기적 같은 생존력은 어디서 올까? 펭귄 무리와의 '협력' 노력과 관계 때문에 살아남는다. 펭귄은 매서운 추위를 이겨내기 위해 원형으로 무리 군집을 형성해 둥글게 뭉친 후 맨 끝의 펭귄 줄이 혹독한 추위를 견디면 안쪽으로 들어가 몸을 녹이며 계속 교대 근무하는 방식으로 살아남는 질서를 터득했다. 겨울에 산속에서 혼자 조난을 하면 살아남기 힘들지만 둘이면 서로의 체온을 의지해 살아남는 경우와 같다.

북부 사하라 사막의 은색 개미는 60~70도의 뜨거운 고온에도 살아남은 유일한 생명체이다. 사막 모래 표면의 열을 피하고자 땅속에 굴을 파서 살아간다. 견디기 힘든 열사의 모래사막에서 어떻게 살아남을 수 있었을까? 먹이를 찾기 위해선 굴 속에서 지상으로 나와야만 한다. 이때 해녀가 물속에서 버티는 시간이 한정된 것처럼 개미에게는 딱 3분의 짧은 시간이 먹이를 찾는 활동시간으로 주어진다. 이러한 악조건의 환경을 극복하기 위해 은색 개미는 1초당 이동 거리가 1m에 육박하며, 개미의 초당 걸음 수는 인간 총알이라 불리는 우사인 볼트의 열 배에 이른다. 가장 더울 때 먹이가 되는 죽은 생명체를 구하기 위해서는 3분 내 재빠르게 먹이를 찾아 굴 속으로 다시 들어가야 살 수 있기 때문이다. 먹이에 욕심을 부리다 3분의 시간이 지나 먹이와 함께 타 죽는 개미들도 발생하기도 한다.

『낙타는 왜 사막으로 갔을까?』의 저자 '최형선'은 생태학자며,

생명 운동가이다. 낙타는 원래 사막에 살지 않았던 동물이다. 우연히 사막에 간 낙타가 경쟁을 피해 살아남기 위해 사막을 선택했을 뿐이다. 낙타는 사막 환경에서 생존하기 위해 영양분은 혹에 저장하고, 물은 몸 구석구석 저장하는 법을 터득해 사막에서 살아가고 있다.

호주의 캥거루는 왜 갓 낳은 새끼를 주머니에 넣고 다니며 키울까? 캥거루가 사는 지역은 기온 차가 심하고 물이 부족한 곳이다. 이러한 기후조건을 극복하기 위해 배 속에서 키우기가 번거로워 임신 기간마저 단축해 새끼를 몸 밖으로 빨리 나오게 한다. 배 속 대신 자신의 주머니에 넣어 키우는 것이 배 속에서 키우는 것보다 편하기 때문이다.

자연조건에 순응하며 살아가는 지혜는 동물만이 아니다.

1911년 세계 최초로 남극점에 도달해 남극을 정복한 '아문센'은 당시 대영제국이었던 영국의 스콧 대령과 경쟁하여 남극 정복에 성공했다. 그의 승리는 남극의 자연조건에 순응해 얻어진 결과다. 경쟁자였던 영국은 해양 대국이었으며, 조직과 자금, 물자와 장비는 비교가 되지 않을 정도로 우월했다. 결정적인 승리의 원인은, 아문센이 영국의 스콧 대령보다 현지 남극 상황에 적합한 전략과 정복 계획을 치밀하게 수립했다는 점이다. 아문센은 남극을 얼음덩어리로 보았다. 스콧 대령은 섬으로 판단한 것이다. 이로 인한 작전을 위한 도구와 장비는 서로 다를 수밖에 없었다. 아문센은 탐험 대원을 스키 선수로 구성했으며, 수송 수단은 썰매 개를 이용했다. 혹한에 견디기 위한 복장은 순록의 가죽으로 방한을 유지했다. 반면 스콧 대령은 탁월한 해군 출신 대원과 정복에 필요한 최신 장비들을 동원했다.

결과는 영국의 스콧 대령이 이끈 탐험대원은 모두가 얼어 죽었고, 장비는 남극의 얼음판에 맞지 않아 사용도 못 한 채 무용지물이 되다시피 했다.

모든 전략과 작전은 현지 환경과 상황에 맞춰야 하는 점은 오늘날 마케팅 전략에서의 현지화 전략과 같다. 현지의 소비자 환경과 소비 경향을 읽고 이해하지 못하면 사업에 실패하는 것과 같다.

임진왜란 때 이순신 장군이 왜군과 싸워 23전 23승 전승을 거둘 수 있었던 이유는 아문센의 전략과 유사하다. 장군은 장졸들을 뽑을 때 탁월한 육군 대신 해전과 바다와 섬 등의 지형에 강한 어부를 수군으로 등용했다. 뱃멀미하는 장졸은 철저히 배제시켰다.

당시 윗분들의 육군 출신의 인사 청탁을 거절해 모함까지 받는 결과를 초래하기까지 했지만, 장군은 전쟁에서 승리하기 위해 원칙을 지킨 것이다.

인간의 지식과 기술만으로 자연에 도전한다는 것은 자칫 실패를 자초한다는 교훈을 아문센과 스콧 대령의 남극 정복 과정을 통해 알 수 있다.

우리는 사하라 사막의 은색 개미처럼 미물일지라도 곤충이나 동물들의 자연에 순응하며 살아남는 법을 배워야 할 것이다.

우리 주변에서도 열악한 자연환경에 순응하며, 오히려 주어진 여건을 지혜롭게 이용하여 독특한 자연 혜택을 누리는 것을 자주 볼 수 있다.

남해의 다랭이마을 벼랑의 좁디좁은 계단식 밭과 청산도의 구들장 논 벼농사 농법은 섬의 좁은 땅을 이용하여 농사를 지을 수밖에 없어서 생겨났다. 구들장 농법은 섬이라 물 빠짐이 심한 토양 조건을 해결하기 위해 고안해 낸 것이다. 2014년 국제연합식량농업기구(FAO) 세계중요농업유산으로 등재되어 세계적인 가치를 인정받은 우리의 자랑스러운 농업유산이다. 제주도의 구멍이 숭숭 난 제주 돌담은 거센 바람과 태풍에도 그 원형을 잘 유지하고 있지만, 오히려 시멘트로 바른 돌담은 쉽게 무너진 모습들을 목격했다. 현수막에 적당한 구멍을 내어 걸면 바람에도 찢어지지 않는 것과 같다.

후쿠오카마사노부가 지은 『자연농법』의 핵심은 농사는 자연이 짓고, 농부는 그 시중을 들 뿐이라고 강조했다. 농사에 기술도 필요하지만 자연 그대로의 자연 이치에 순응하며 짓는 순환농업이 인간에게도 가장 이상적인 농업인 셈이다.

순천만과 강진만 갯벌을 메워 간척지로 개발했다면 우리나라를 대표하는 갯벌과 습지 생태계의 보고가 되었을까?

창녕의 우포늪에 가보면 습지가 주는 자연 생태계의 오묘함에 감탄하지 않을 수 없을 것이다. 수많은 철새와 물고기, 습지에서 자라는 갖가지 수생식물과 나무들을 볼 수 있다. 우포늪에 아침 안개를 살포시 뚫고 솟아오르는 해돋이와 해 질 녘 호수 위를 황금빛으로 물들게 하고 느리게 지는 노을은 자연이 인간에게 선사하는 축복이며 평화다. 4대강 개발의 찬반 논란이 있지만, 개발에 앞서 인간에게 유익을 주는 생태계가 훼손된다면 앞으로의 개발은 심사숙고해야 할 것이다. 우리의 국토와 자연은 후세들에게 온전히 보존해 물려주어야 할 의무가 우리 세대에 있기 때문이다.

봄에 씨를 뿌려 농사를 시작하여 가을에 땀 흘린 수고의 결실 때를 따라 수확하여 월동 준비를 한다. 농어촌의 농부와 어부뿐만 아니라 모든 사람이 자연의 순리에 따라 순응하며 살아간다. 아무 조건 없이 자연이 주는 혜택을 누리며 살아가고 있음에 감사해야 할 것이다.

우리나라는 아직 4계절이 뚜렷한 나라로 24절기에 맞춰 농어업을 영위하고 있다. 24절기는 1년 365일을 태양의 '황경(黃經)'에 맞춰 15일 단위로 계절의 변화를 나눈 것이다. 중국의 계절에 맞춘 것이라 우리나라 기후와는 약간의 오차가 있긴 하지만 별반 차이는 없다.

24절기는 봄이 시작되는 춘분을 시작으로 여름을 알리는 입하, 가을로 접어드는 입추, 겨울이 시작되는 입동에서, 겨울의 끝자락인 대한 추위로 4계절을 마감한다. 농사와 관련된 절기는 춘분에는 논·밭갈이를 시작해 파종 준비를 한다. 청명에는 감자를 심고, 곡우에는 벼 못자리를 한다. 입추에는 가을 김장배추를 심고, 상강에는 된서리가 내리기 시작해 얼기 전에 배추를 묶어 두어야 한다.

농사는 4계절 절기에 맞춰 기후나 환경에 순응하며 농사를 지어야 한다. 글을 쓰고 있는 이 시간의 절기는 눈이 녹아 비가 된다는 우수(雨水)이다. 이제부터는 봄비가 내리고 소생의 경이로운 새싹이 싹트는 희망의 새봄이 성큼 우리 곁에 다가왔다. 옛 속담에 우수 경칩이 다 지나면 얼었던 대동강물도 풀린다 했을 정도다. 사무실 창가의 봄 햇살이 따사롭다. 겨울을 이기고 자란 화초에도 파릇한 새싹이 돋아나오며 방긋이 웃으며 인사를 건넨다.

다시 소생했으니 더욱 예뻐해 달라는 손짓을 한다.

귀농·귀촌 생활을 자리 잡아 가며 정착 후 계획한 소출을 얻기까지는 술이 발효되어 제대로 된 술맛을 맛볼 때까지 숙성의 시간을 묵묵히 기다리며 지켜보아야 한다.

4계절이 주는 자연환경의 변화를 경험해보지 않고서는 농어촌을 이야기할 수 없을 것이다. 한 톨의 쌀과 한 포기의 과채, 탐스럽게 잘 익은 과일들이 익기까지의 과정과 수고를 손수 경험해 봐야 참 시골살이와 진정한 농부로 새롭게 태어날 것이다.

농부의 거친 손과 굽은 허리, 이마의 굵은 주름을 체험하고 경험하기 전까지는 농부라 말할 수 없을 것이다.

▲포근하고 탐스러운 목화의 신비로운 자태

자연환경에 버틸 수 있는 맷집이 필요하다

맷집이 강하다는 것은 자신이 타고난 기본 체질에 단련과 연마를 통해 체질을 강화해 더욱 단단하게 만든 게 맷집이다.

요즘처럼 미세먼지, 바이러스 코로나 재앙 등으로 환경이 악화한 상태에서 자신의 건강을 지키기 위해 면역력을 강화하기 위한 운동과 음식 섭취가 일상 생활화되었다. 면역력을 키우는 자체가 건강한 몸을 유지하여 바이러스 등의 침투를 막기 위해서다. 면역력을 키워 건강을 유지하는 것 자체가 맷집을 키우는 것과 같다.

권투 시합을 보면 링에서 아무리 맞아 넘어져도 오뚜기처럼 다시 일어나는 선수가 있는가 하면 주먹 한 방에 쓰러지는 선수가 있다.

권투선수 중 가장 많이 맞고도 쓰러지지 않고 챔피언이 된 마크 헌트 선수가 있다. 때리기보다 맞기 선수로 챔피언이 된 셈이다. 권투선수의 경우 강한 맷집을 지탱하려면 마이크 타이슨처럼 목둘레가 50cm가 넘을 정도로 목이 굵어야 한다, 체력이 강한 고릴라도 목이 굵은 편이다. 그렇지만 열 번 찍어 안 넘어가는 나무가 없듯이 사실 매에는 장사가 없다.

그러면 귀농·귀촌을 하여 농어촌의 자연환경에 버틸 수 있는 맷집은 어느 정도 되어야 할까?

맷집은 체력적인 것도 중요하지만 농어촌에서는 특히 정신적인 맷집이 더 필요로 한다. 귀농인의 시골살이에 힘든 이야기를 듣다 보면 여러 이유 중 자주 나오는 이야기가 모기와 날 파리들 때문에 힘들다고 호소하고 있다. 물론 모기는 도시에서도 기성을 부리지만 시골 모기가 더 많고 무섭다. 맷집은 시골에서 멧돼지를 잡을 만큼의 체력적 맷집보다 시골 생활에 앵앵거리며 달려드는 작은 모기의 공격에 견디는 정신적 맷집이 더 중요하다.

그리고 도시에서는 느끼지 못한 퇴비 썩는 냄새, 가축 분뇨 등의 냄새를 견디지 못하는 경우가 많다. 남성보다는 여성 쪽이 더 힘들다고 한다. 이러한 악취 같은 냄새가 풍기는 퇴비 등이 비료를 사용한 농산물보다 우리 몸에 좋은 유기농업에 사용된다. 이러한 친환경 비료가 안심 먹을거리를 생산한다면 농사를 짓기 위해 나는 퇴비 냄새가 달콤한 맛으로 변할 수도 있을 것이다. 이 정도 되면 농촌 생활을 위한 맷집을 어느 정도 갖췄다고 봐야 한다. 시골 생활에 익숙한 사람은 이러한 냄새는 아무렇게 생각지도 않고 당연하게 생각한다.

우리는 시골의 가마솥에 끓이는 닭백숙 냄새나, 구수한 메주콩

삶는 냄새, 떡 찔 때 떡시루에서 모락모락 나는 냄새, 봄에는 아카시아 꽃향기가 온 대지에 진동하고 여름의 은은한 찔레꽃 향은 어머니 동동구리무 화장품 냄새 같고, 고즈넉한 만추에는 낙엽 타는 냄새를 좋아하듯, 퇴비와 분뇨 냄새도 부담 없이 맡아 넘기는 정신적 맷집이 필요하다.

농사는 아무래도 힘을 써야 하는 노동력이 기본이 되다 보니 힘을 도시에서보다 더 쓸 일이 많다. 체력적 맷집은 농사를 짓거나 일을 해가며 길러야 한다.

그리고 시골에서는 강한 햇살과 무더위, 거센 비바람 등 기후조건에 익숙해질 수 있는 맷집 또한 필요하다. 에어컨 바람 대신 느티나무 정자 아래서의 휴식 등으로 시골 환경에 몸을 맞춰가야 할 것이다.

심리적으로 마음의 맷집을 키우기 위해서는 자신이 가진 기술보다 '멘탈(Mental)'이 강해야 한다고 한다. 골프 양궁 사격 등 모든 스포츠는 기술을 기본으로 '멘탈 트레이닝'을 통해 위기 때 흔들리지 않고 침착하게 대처하기 위해 정신 집중력과 평정심을 익힌다.

우리나라 양궁 여궁사들의 훈련장은 응원과 소음으로 가득 찬 야구 경기장이나 비바람이 강한 악조건 날씨의 장소에서도 연습을 집중한다. 간혹 적지에서 시합할 때면 상대편 선수를 응원하는 목소리가 심리적으로 엄청난 부담으로 다가오게 마련이다. 백발백중의 우리나라 여궁사라 할지라도 활시위가 마음이 불안해져 흔들릴 수밖에 없다. 자연히 과녁에 빗나가는 실수로 이어진다.

이러한 불리한 환경과 악조건에서 더 용감해지는 용기와 심리적 안정을 필요로 한다. 스탠퍼드대 로버트 사폴스키의 연구에 의하면 막 태어난 새끼 쥐를 21일 동안 15분간 격리한 후 다시 어미에게 들여보내게 훈련한 쥐와 그렇지 않은 쥐의 차이점은 적절한 좌절과 스트레스를 경험한 쥐의 모험심 등이 그런 경험이 없는 쥐보다 강하다는 결과를 얻었다.

또한, 커뮤니케이션 이론가인 폴 스톨츠는 1997년 역경지수(AQ: Adversity Quotient)를 개발했다. AQ가 높다는 것은 도전의식이 강하고 역경에 잘 대처한다는 것이다. 권투선수가 수차례 맞고도 벌떡 일어나 계속 싸우는 것은 시련, 역경, 실패에도 좌절하지 않고 강한 복원력으로 회복해 일어선다는 것이다. 그래서 농산물도 온실에서 자란 것보다 노지에서 자란 농산물이 더욱더 맛있고 강하다.

스트레스 면역학의 선구자인 변광호 박사가 연구한 결과에 의하면, 사람은 이제까지 A형~D형 유형의 성격으로 분류해 왔으나 추가로 E형 유형의 성격을 가진 사람이 있다고 주장했다. 이제껏 A형은 완벽주의자에 해당하며, B형은 매사에 낙천적이며, C형은 내성적이며, D형은 적개심과 분노가 많은 성격으로 분류해 왔다. E형 성격은 어떠한 스트레스 상황에도 빠르게 긍정 에너지로 전환하는 성격을 가진 사람을 말한다. 그러다 보니 어려운 장애물을 만났을 때 오히려 피하지 않고 합리적 사고와 판단으로 슬기롭게 상황을 대처한다는 것이다. 그가 펴낸 『E형 인간 성격의 재발견(2017)』에서 더 확인해 보기 바란다.

이러한 여러 연구와 사례 등을 통해 얻은 결과는 어렵게만 여겨지는 시골 생활에 적응하기 위한 맷집 키우기는 스트레스의 노예가 되지 말고 스트레스를 긍정의 힘으로 바꾸게 되면 정신적 맷집을 쌓는 데 도움이 된다는 것을 알았다. 앞에서도 설명한 시골의 지역 민심이 가장 어렵다는 것도 심리적 고통이다. 육체적, 경제적 어려움보다 심리적 갈등을 유발하는 스트레스를 해소하는 길이 맷집을 키우는 지름길이며 시골살이를 잘할 수 있는 유일한 길이다.

농어촌에서보다 여유롭고 편안한 삶을 위해서는 세대와 나이에 따라 맷집에도 적절한 균형 감각이 필요하다. 젊은 나이에 귀농한 입장이라면 힘이 넘치게, 더 빠른 속도로, 뜻을 크게 세워야 하겠지만 중·장년층이나 은퇴한 나이라면 정리를 통해 더욱 단순화하고, 더욱 느림으로, 그리고 더욱 작고 실속 있는 계획을 세우는 것도 자신의 노후를 지켜 줄 수 있는 본인에게 맞는 적합한 맷집이 될 수 있다.

시골 생활에 적응하기 위해서는 무엇보다 시골 문화와 환경에 직접 부딪쳐 체험과 경험을 통해 면역력을 쌓아야 한다. 직접 부딪치는 것만이 시골 살이를 버텨 낼 수 있고 맷집이 더욱 강해질 것이다. 운동선수가 맷집을 키우는 방법은 오직 연습뿐이다. 권투선수는 스파링을 통해 상대 주먹의 맞는 정도에 따라 맷집이 달라질 것이다.

입대 전 나약하기만 했던 신병이 제대 무렵에는 강하게 단련된 모습으로 변모한다. 맷집은 어렵고 힘든 유격, 사격, 행군 작전 훈련과정을 견디고 버텼기 때문이다. 귀농·귀촌도 마찬가지다. 철저한 연습과 체험을 통해서만 맷집이 강해질 것이다. 필자가 재직한 진로 그룹에서 제3의 후발 맥주로 카스를 개발 출시했다. 맥주의 품질은 물론 뛰어난 마케팅 차별화 전략을 통해 시장 진입 초기 맥주 시장 18%의 시장을 점유했다. 맥주 시장에서 진로는 내공이 없었으므로 시장에서 경쟁사와 싸워 이길 맷집이 필요했다. 그것이 타킷 차별화를 통한 마케팅 차별화 전략이었다.

술을 막 배우기 시작하는 젊은 세대를 대상으로 젊은 사람끼리 박력 있게 맥주잔을 부딪치는 광고 장면을 노출했다. 시장도 광고도 젊음을 통해 새로운 젊은 맥주를 부각해 부딪치기를 꺼리는 기성 맥주 시장을 노렸다. 경쟁에서 이길 수 있는 맷집을 키우려면 무조건 부딪쳐봐야 결과를 얻을 수 있다. 부딪쳐 부러지거나 넘어지거나 그래야만 강한 맷집이 생길 것은 뻔하다. 자신을 직접 부딪쳐 맷집을 강하게 하는 방법이 가장 효과적인 방법이다. 그러다 보니 귀농·귀촌 예비 후보자를 대상으로 먼저 농촌 살아보기 프로그램을 통해 시골살이 체험을 시키는 것도 농촌살이에 직접 부딪쳐 보게 한 것이다.

내공과 맷집은 대나무처럼 한순간 자라는 것이 아니다. 어쩌면 절벽 위의 노송이 오랜 풍파에 살아온 것처럼 시골에서의 맷집 키우기도 오랜 기간을 거쳐야 한다. 갈등과 오해, 시행착오, 실험과 실패를 통해 터득할 수 있다. 일본에서 성공한 기적의 사과는 무비료, 무농약에도 불구하고 10여 년 동안 혹독한 자연과 싸워 야생의 힘으로 꽃을 피워 기적의 사과를 탄생시켰다. 비료와 농약을 친 일반 사과보다 단단하고 품질이 좋다는 검증은 사과를 냉장고에 보관한 상태에서 입증시켰다. 비료와 농약을 뿌린 사과는 냉장고에서 일주일을 버티지 못하지만, 기적의 사과는 3개월 이상 싱싱하게 보관되어 품질을 유지할 수 있었다. 이처럼 혹독한 자연환경에 10년 동안 맷집을 쌓은 기적의 사과와 맷집을 쌓지 않은 일반 사과와는 구별된다.

물론 맷집을 쌓기 위해서는 어떤 일을 시작하면 기어코 끝장내는 인내심이 필요하다. 정신적 강단과 체력적 강인함으로 정신과 체력이 서로 갖춰져야 한다.

필자의 맷집은 육체적 맷집보다 정신적 맷집이 강한 편이다. 정신력이 없었다면 맷집을 키울 수 없었을 것이다. 세상을 살아가는데 필요한 맷집을 키우기 위해서는 자신만의 방법이 있어야 한다. '적극적 사고방식'이 부지런함과 긍정적인 사고로 나를 이끌었다. 특히 중1 때 공직생활을 하시다 돌아가신 아버지의 충격으로 자립적 맷집 쌓기에 더 열심히 살아갈 수밖에 없었던 환경이었다. 절박함이 세상을 살아갈 맷집을 키우게 되고 경쟁에서 살아가는 지혜와 성공의 길로 인도함을 믿고 지금도 살아가고 있다.

나의 내공과 맷집은 내가 쌓은 것이 아니고 결과적으로 아버지가 그 실마리 역할을 했다. 혼자 살아갈 수 있도록 세상을 더 멀리 보고 미래를 위한 내공과 맷집 쌓기를 준비시킨 것으로 여긴다.

시골살이를 잘하기 위해서는 확 트인 망망대해 섬에서 자라는 나무를 살펴보면 살아가는 방법을 터득할 수 있다. 강한 바람과 태풍을 견디기 위해 결코, 육지의 나무처럼 큰 키를 자랑하지 않고 자세를 낮춰 옆으로만 자랐다.

제4장

한 알의 열매를 얻기까지

뜻대로 마음대로 되지 않는 것이 농사다

농사를 지어 봤거나 아니면 텃밭에서 손수 씨를 뿌리거나 묘목을 심어 직접 수확해본 사람이라면 농사가 쉽지 않다는 사실을 경험해보았을 것이다. 필자의 경우 시골 농가 주택을 사들여 가장 먼저 화단에 라일락 덩굴장미 등을 심고, 과수는 사과 매실 대추 뽕나무를 심었다. 사과와 매실은 자라다 결국 죽었다. 아마 기후 탓도 있었지만 가꾸는 경험 부족인 듯했다. 봄이면 그윽한 라일락 향기가 시골 농가에 가득하고, 붉은 줄 장미는 소박한 시골 새색시처럼 예쁘다. 늦가을 주렁주렁 실하게 열린 대추를 수확할 때면 보약을 먹는 듯 몸도 마음도 건강해진다.

뜻대로 마음대로 되지 않는 것이 농사라고 하지만 자식 농사보다는 쉽다고 억지 아닌 억지를 부려 본다. 사실은 자식 농사 이상으로 어려운 일이 농사이다. 뜻대로 마음먹은 대로 잘 풀리지 않는 것이 인간사 세상만사다. 특히 농사는 부침이 심한 편이다. 뜻대로라고 하면 작황에 따라 다르겠지만 한해 목표한 농사의 수확량에 따라 계획한 농사 수입을 말한다.

마음대로는 풍년이나 평년작이라도 마음먹었지만, 기후와 병충해 등으로 기대 이하의 수확이나 흉작이 될 수도 있다. 농사는 자신의 노력보다 외부 자연환경에 의해 결정되다시피 하기 때문이다. 농사는 하늘과 자연이 짓고 농부는 시중을 들 뿐이다. 더욱이 아무리 수확을 잘했다 할지라도 수요와 공급에 의한 차질로 인해 가격이 폭락하는 때도 있다. 판로도 과제 중의 하나다.

부추 가격의 경우 계절에 따라 다소 차이는 있지만 1단에 최저 500원에서 최고 5000원까지 치솟는다. 배추 한 포기도 최저 500원에서 10,000원 넘는 경우가 있어 배추를 금치라고까지 한다. 양파와 대파 파동도 마찬가지다.

한때 강원도 산간지역의 고랭지배추가 인기몰이했다. 이에 재미를 짭짤하게 본 배추 농가가 무리한 투자로 배추 농사를 확대해 그해 가격이 폭락해 빚더미에 앉고 고랭지배추 농사를 접었다. 이후 집안 형제의 도움으로 정선시장에서 떡방앗간으로 재기해 오늘의 수리취떡으로 성공한 사례까지 있다.

이러한 어려운 농사에도 불구하고 성경에 등장하는 '이삭'은 흉년에 100배의 수확을 올렸다고 기록되어 있다. 성경에 기적이 많이 소개되다 보니 예사로 받아들이겠지만 이스라엘은 모래사막이 많고 비도 잘 오지 않는 열악한 농업환경을 가진 나라다.

그렇지만 현재 이스라엘은 농업 강국이다. 땅에서 땀으로 농사를 짓는 것이 아니라 첨단 과학을 이용한 지식농업으로 세계 종자 생산 대국이 되었다. 노동력은 5% 의존하며, 95%는 자동화 등 첨단 시스템으로 농사를 짓는 셈이다. 이처럼 이삭도 과거에 남과는 다른 흉년에도 농사를 잘 지을 수 있었던 새로운 농법이 있지 않았을까 생각해 보게 된다.

그렇다면 뜻대로 마음대로 되지 않는 것이 농사라면 귀농·귀촌을 하는 초보 농부는 어떻게 해야 농사를 잘 지을 수 있을까?

농사가 힘든 이유가 외부의 환경적 요인이 크다고 하지만 가장 중요한 것은 농부의 자질과 능력이 기본이다. 모든 일은 본인의 자질에 의해 성패가 좌우되는 것처럼 농사도 농부로서의 충분한 자질을 갖춰야 함은 두말할 나위가 없다. 앞서 살펴본 귀농 실패 요인의 경우 10명 중 7명이 농업에 대한 교육 부족으로 나타난 사실을 명심해야 한다. 물론 지역과 아이템 선정과 주민 갈등도 있지만, 귀농·귀촌에서 가장 중요한 요소이자 농사에서 가장 기본이 되는 것이 교육이다. 회사에 취직하게 되면 신입사원 교육 과정을 거쳐야만 배치되는 것과 마찬가지다. 군인이 총을 다룰 줄 모르면 군인 자격이 없는 것처럼 농부가 농사일을 모른다면 농부 자격이 없다.

평소 꿈꾸던 귀농을 막상 하고 보면 "아, 진짜 시골에 와 버렸다! 도시에서 태어나 살아와 농사는 전혀 모르는데…" 누구나 이렇게 난감해할 것이다. 농사를 잘 짓고 못 짓고가 문제가 아니다. 농촌 농업 농부를 이해하고 공감할 수 있는 농업 관련 교육은 빠짐없이 받고 시작해야 한다. 그래야 그나마 어려운 시골살이를 잘 적응해 갈 수 있기 때문이다.

물론 귀농을 위한 사전 준비 기간이 2~3년이 걸리고, 귀농 후에도 최소 뿌리를 내리기까지 3여 년이 걸린다고 한다. 이렇게 촘촘히 준비해도 예상치 않게 빠진 게 있기 마련이다. 도시 생활에서 자신이 배우고 보유한 능력은 농촌에서는 대부분 무용지물이라는 인식으로 유치원이 아닌 어린이집 수준부터 시작한다는 각오로 교육에 새로 임해야 할 것이다.

농사는 짓는 수고보다 보호하고 지키는 일이 더 힘들다. 자연재해로부터 피해를 줄이는 방법은 대도시나 농어촌 모두 마찬가지다. 다만 농어업이 자연재해에 고스란히 노출될 수밖에 없다는 점이 다를 뿐이다.

지진에 대비하기 위해 내진 설계를 하는 것처럼 집중폭우와 태풍에 견딜 수 있는 견고한 시설을 갖춰야 한다. 강풍과 대풍 등에 소홀함 없이 대비해야 피해를 최소화할 것이다. 어린 날 사라호 태풍이 추석날 아침에 밀어닥쳤다. 바닷가 연안 지역이라 어선 피해가 가장 심했다. 어릴 때라 잘 몰랐지만, 태풍에 대비해 배를 미리 밧줄로 동여매고 잘 고정한 배들은 그나마 피해를 보지 않았다는 것을 알게 되었다. 안전벨트를 생활화해야 하는 이유와 같다.

자연재해에 의한 불가피한 천화(天禍)는 어쩔 수 없지만, 사람의 잘못으로 인한 인화는 막아야 할 것이다. 농어촌피해보상보험도 인화로 밝혀지면 보상조차 해주지 않는다.

또한, 농사가 힘든 이유는 기후변화에 의한 가뭄으로 강수량 부족, 집중폭우에 의한 홍수, 냉해와 우박 등 여러 가지가 있다. 심지어 과수 성숙기에 잦은 때아닌 가을장마로 일조량이 부족해 과수 수확기가 늦어져 출하 시기도 놓치는 경우가 있다. 과일 당도마저 현저히 떨어져 상품 가치가 낮아지기도 한다. 필자가 몇 년 전 발생한 강원도의 심한 가뭄에 옥수수밭의 옥수수가 채 열리기도 전에 말라 타 버리는 현장을 목격한 적이 있다. 단양의 아로니아 농장에서는 열매가 다 성숙하기 전에 가뭄으로 열매가 말라버리는 사태까지 발생해 수확량이 예년의 절반밖에 안 된 해도 있었다.

이렇다 보니 기후변화에 적응하고 가뭄에 강한 농작물로 대체하는 연구와 대체농작물 선정에 고심하게 되었다.

이러한 어려운 농업환경에도 불구하고 필자가 알고 있는 농업인 중 대체로 성공한 경우를 살펴보면 현지 농업인보다 귀농한 농업인이 성공한 사례가 많다.

성공한 원인을 꼽으라면 이제는 농업에 관한 기술은 기본이며 평준화되었다. 다만 기존 농업이 가지지 못한 새로운 정보나 기술을 농업에 접목했다는 점이다.

기존 농부와 다른 점은 스마트 농업, 고부가가치 대체 작물, 인터넷에 의한 직판 채널, 소비자 이해와 마케팅 능력 등이 현지 농부에게는 취약한 부문이다. 특히 순수 농업 외 농외소득이 많은 특징을 보인다. 대표적인 사례가 농식품의 6차 산업화이다. 1차 산업인 농업·생산, 2차 산업인 농산물·제조·가공을 통한 식품가공화, 3차 산업인 유통·판매·체험·관광·음식·IT 등 서비스를 융·복합화한 6차 산업 고도화를 통해 농가소득을 높이고 있다.

과거처럼 하늘만 쳐다보고 땀 흘려 농사만 짓던 옛 농부의 시대는 막을 내리고 신(新)농부인 농업경영인 시대로 점차 전환되고 있음을 보인다. 이는 도시에서 산업화에 잘 훈련된 귀농·귀촌 인구의 유입이 점차 늘어나 우리 농업의 대전환기를 맞고 있다고 봐야 한다. 우리 농업도 고령화 등 취약한 농업에서 이제는 점차 젊은이들의 농촌과 농업에 대한 인식 변화와 귀농 등으로 신구(新舊) 세대 교체가 가속화되고 있다.

이러한 전환기를 맞은 시대에 왜 농사를 해야 할까?

우리 농업은 선사시대부터 시작해 오천 년 역사를 가진 우리 민족과 조상의 삶의 전부였다. 인구의 4%에 지나지 않는 농부를 지원하기 위해 공익직불제를 도입, 농민수당을 지급하는 이유다. 식량자급률도 중요하지만, 농어촌과 농업의 국가 공익적 가치가 더 중요하기 때문이다. 1차 산업인 농업이 무너지면 2~3차 산업의 발전 기반이 해체되고 국가 경제가 균형을 잃고 말 것이다. 미국과 같이 선진국이 농업 강대국인 사실을 재인식해야 할 것이다. 미국은 농산물 수출 세계 1위 국가이다.

한 나라에 농업이 중요한 사실은 1862년 미국의 링컨 대통령이 농무부를 창설하면서 '국민의 부(People's Department)'로 지칭한 데에서도 알 수 있다. 일본 정부도 '농업이 일본을 구한다.'라고까지 했다.

우리나라는 어떤가? 농촌과 농민을 순수한 농부의 농심으로 바라보지 않고 정치 철만 되면 표심으로만 바라보고 있지 않은지 자성해야 할 것 같다. 한 나라의 성장과 발전은 산업의 근간이 되는 1차 산업인 농업기반이 튼튼해야 선진국으로 도약할 수 있다고 확신한다.

쉽지 않은 농사를 잘 지으려면 과연 어떻게 해야 할까?

농촌 생활의 독본이 된 『상록수(1935)』를 펴낸 소설가 '심훈'은 농부가 아니었다. 그럼에도 불구하고 현실감 있는 농촌 농업 농부 이야기를 실감 나게 표현할 수 있었을까? 바로 농촌의 문제점을 고민하고 농촌 계몽운동을 전개하기 위한 뚜렷한 사명의식이 있었기 때문이다.

이처럼 어려운 문제점을 해결하려면 호기심을 넘은 고민과 용기가 무엇보다 중요하다고 본다. 아무리 해결하기 어려운 문제도 고민하면 해결책을 찾아낼 수 있기 때문이다. 12척의 남은 낡은 배로 600척이나 되는 왜선과 싸울 수 있는 용기는 이순신 장군의

죽기로 작정한 명량해전에서 볼 수 있다. "죽고자 하면 살고, 살고자 하면 죽는다.(必死卽生 必生卽死)" 난중일기에 따르면 울돌목의 지형과 급조류를 이용해 대승한 우리 수군은 13척이었으며 왜선은 330여 척이었다.

귀농·귀촌한 초보 농부가 대를 이어 오면서 평생 농사를 지어온 농부처럼 되기란 쉽지 않은 일이다. 그렇지만 어차피 농사하려고 작심했다면 농작물은 '농부의 발소리를 들으며 자란다.'라고 할 정도로 자식 키우는 정성 이상으로 보살펴야 한다.

'좋은 농부에게는 나쁜 땅이 없다.'라고 한다. 명필가는 붓을 탓하지 않으며, 능력 있는 목수도 연장을 탓하지 않는 것과 같다. 새로 꿈꾸는 인생을 성공한 농부로 살고 싶다면 어릴 때 젖 먹던 힘을 다하고, 여성일 경우 임산부의 출산 고통을 기억하면서, 남성일 경우 군대 시절에 힘든 유격 훈련을 떠올리면 된다. 직장 생활을 할 때 상하좌우 받았던 스트레스와 치열한 경쟁과 승진을 위해 노력했던 시절을 기억한다면 귀농이 힘들고 농사와 농부가 힘들다 할지라도 충분히 이겨 낼 수 있을 것으로 생각한다. 농부가 힘들어도 웃음을 잃지 않는 이유를 골똘히 살펴보기 바란다.

도시나 시골이나 살아남기 위한 경쟁은 일을 통해서 이뤄지며 일터와 현장이 곧 경쟁과 생존의 한마당이다. 살아남는다는 것은 결국 일을 잘해야 살아남는 것이다. 다시 말해 귀농·귀촌에서 어려운 농사를 잘해 살아남는다는 것은 도시에서의 혹독한 경쟁에서 살아남은 노력의 절반만 발휘해도 농부로 살아남아 자연이 주는 평화와 여유를 즐기며 소출의 보람과 함께 행복을 누릴 수 있다는 것이다. 성실성과 신념만으로도 안 될 수도 있다. 아무리 하면 된다고 하지만 농사에는 불가피한 한계가 있기 마련이다. 힘들 땐 하늘을 향해 기도하라. 하늘은 여러분을 절대 외면하지 않을 것이다. 오랜 가뭄에 간절하게 기우제를 올리면 비를 내리듯이…

▲봄에는 노란 산수화로 가을에는 붉은 산수유 열매로

귀농(歸農) 귀어(歸漁) 농사와 고기잡이가 전부는 아니다

경제 발전 때문에 산업은 고도화되고 직업은 다양해졌다. 농어촌도 도시 못지않게 많이 변하고 있다. 도농복합도시는 오히려 도시보다 쾌적한 생활환경을 갖춘 곳이 많아지고 있다. 이는 지방분권과 지자체에 의해 더욱 가속화되고 있으며, 농촌도 도시 수준으로 평준화되고 있다.

농어촌도 도시보다 열악했던 문화, 의료, 교육, 복지 등에 대한 지역 인프라가 점차 구축되고 있다. 농림어업인에 대한 삶의 질을 높이기 위한 노력이 가시화되고 있기 때문이다. 특히 날로 촘촘해지는 고속전철, 고속도로, 육지와 섬, 섬과 섬으로 이어지는 교량들로 인해 교통이 더욱 원활해지고 있다.

따라서 이러한 사회 경제적 발전 현상에 의해 도농교류가 활발해지고 도시와 농어촌은 더욱 가까워지고 있다. 인적 물적 교류는 물론 정보의 공유와 쌍방 흐름도 날로 빨라지고 있다.

과거에는 도시에서 농림어촌으로 귀농 귀어를 한다면 당연히 농림어업을 해야 한다고 생각했었다. 그러나 지금은 오히려 그렇게 생각하지 않고 농산어촌에서도 농림어업뿐만 아니라 도시 못지않은 다양한 직종의 일들이 늘어나고 많아지게 되었다.

요즘의 귀농·귀어가 꼭 농사와 고기잡이가 전부가 아니라는 사실이 현실적으로 입증되고 있다. 직접 농사를 짓는 일에서 농사를 지원하거나 농산물을 이용한 관련 사업이 늘어나고 있다. 특히 농산어촌 자연 생태환경을 활용한 힐링과 치유와 관련한 서비스 사업 등도 농산어촌의 새로운 사업 영역으로 자리 잡고 있다.

일례로 미국의 사업가 필립 아무어는 캘리포니아 금맥채굴에 참여했다가 힘들고 신통찮았는데 물이 부족한 광부들에게 물을 팔아 더 크게 성공했다. 황금에 대한 꿈은 깨졌지만 작은 투자로 오히려 큰 이익을 얻는 성과를 얻었다.

직업 분류상 농림어업 관련 직업은 286개에 불과해 전체 1만 4881개 중 2%에 불과한 게 현실이다. 농어촌에서의 유망업종이 직접 농사에서 농촌 농업을 지원하고 연계된 사업과 복합화하는 추세가 늘어나고 있다.

농림축산식품부가 발표한 농업 관련 유망직종은 ICT 기술을 이용한 재배, 관리 수확 등을 시스템화하는 스마트팜(Smart Farm), 농업을 기반으로 2~3차산업 간 융·복합화를 통한 농업의 부가가치를 높이는 6차산업, 농산어촌 자연환경과 경관을 이용한 농촌관광, 그리고 농산물도 내수판매에서 해외시장으로 눈을 돌리는 수출 분야를 꼽았다.

또한, 농촌진흥청에서 선정한 농어촌 유망 일자리 10선을 살펴보면 곤충컨설턴트, 초음파진단관리사, 농촌(장)체험교육플래너, 마을기업운영자, 식생활교육 전문가, 스마트영농인, 협동조합 플래너, 농가카페매니저, 재활승마치료사, 농산물유통전문가로 발표했다.

유망직종으로 떠오르고 있는 농촌체험플래너(강사) 직종에 대한 자세한 설명을 더 하고자 한다. 필자가 농촌 및 6차산업 경영체 사업장에서의 현장 지도나 방문 시 주로 농장체험플래너의 역할은 부인이 하거나 2세 중 아들보다 딸이 하는 경우가 많았다. 강릉. 정선의 백령사과 농장은 아내가, 제주의 아침미소 목장은 아들이, 충북 청주의 다래목장은 딸이 담당한다.

부부 동반 창업도 되고, 자식에게는 가업승계와 평생 일자리를 제공한다. 기업이나 직장 생활에서의 스트레스가 없으며 봉급생활자와는 달리 머슴이 아닌 주인으로서 자부심을 느끼고 일할 수 있다.

농촌체험사업이 주목받게 된 계기는, 학교 교육 과정과 연계시켜 체험학습과 체험교육프로그램의 기획 운영이 활발해지기 시작하면서부터이다. 특히 6차 산업화가 활발하게 추진되면서 농장이나 목장에서 1차 산업인 농산물 생산과 낙농업을 하면서 자연스럽게 수확한 농산물을 식품으로 가공하게 되고 우유는 치즈 등을 제조하게 된다. 이러한 농업의 사업 영역이 확대되고 부가가치를 높이기 위한 융·복합화를 통해 6차산업이 정착되면서 3차 산업인 체험 관광 서비스 사업이 확대되었기 때문이다.

요즘은 개인 농업경영인 차원을 넘어 마을 단위의 마을기업이 늘어나고 있다. 농어촌을 찾는 관광객을 대상으로 체험 관광 사업이 활성화되고 있다. 특히, 학교까지 자유학기제가 도입되고, 주말이면 어린이를 동반한 가족끼리 교육 농장을 찾아 체험 관광을 곁들이고 있다. 사과 따기, 치즈 만들기, 천연 염색 등 다양하다. 농촌 체험 플래너가 되기 위해서는 일정 기간 교육을 수료해야 한다. 교육기관은 농업기술원, 농업기술센터, 농업대학, 특성화고, 마이스터고의 생태관광, 관광농업, 농업경영, 지역개발, 그린자원 등 농업 교육기관과 대학 학과에도 설치되어 있다. 물론 자격 수료 없이 체험농장을 운영해도 무방하나 현장 경험과 플래너의 기술을 접목하면 더욱 현장감 있는 플래너로서 강사 자질을 갖추어 농장 활성화에도 큰 도움이 될 것이다.

필자는 농사 기술의 전문가가 아니지만, 6차 산업화 지도 운영과 관리, 마을기업운영자, 마을공동체 사업 지도자, 농산물유통전문가로서의 유통 마케팅 판로지원 등 현지에서 당장 활동이 가능한 직종에 있다.

이외도 농어촌에서 필요하거나 돈벌이가 가능한 직종은 전기, 가전, 농기계, 수리 및 보수 기술자, 컴퓨터 및 인터넷 관련 디지털 기술자, 집수리 및 리모델링, 사회복지사, 요양보호사, 농촌세무회계사, 숲 치유 및 해설사, 수의사, 노인질환전문의, 농촌일손중개업 등 다양하다.

도시에서 귀농하는 대상자의 귀농 전 종사했던 직업이나 직종을 살펴보면 개인사업과 자영업자 26.2%, 일반 사무직 21.1%, 생산직 17.4% 건설 건축 종사자가 13.7%로 조사된 바 있다. 이처럼 도시의 다양한 직종에서 훈련된 인력을 농어촌에서 적절히 흡수하면 현재 농어촌에서 전문 인력이 부족해 애로를 겪고 있는 부분의 문제점을 동시에 해결할 수 있을 것으로 본다.

아울러 귀농인 입장에서 봐도 서툰 농사를 어렵게 짓는 것보다 본인이 잘할 수 있는 직종을 도시의 경험을 살려 농어촌에서 사업으로 연장 할 수 있다면 훨씬 쉽고 농어촌 정착에서 오는 시행착오와 애로도 줄일 수 있을 것이다.

평소 필자가 주장하는 생각인 '농사는 현지 농민이 가장 잘 안다'라는 생각은 지금도 변함이 없다. 물론 도시인이 귀농해 직접 농사를 지을 경우도 있을 것이다. 그러나 도시에서 귀농한 입장이라면 농사는 현지인이 짓고 귀농인은 될 수 있으면 현지 농업인을 지원하고 도와줄 수 있도록 서로 상생할 수 있는 일을 통한 사업으로 진출하는 것이 더욱 바람직할 거로 본다. 한정된 좁은 땅에서 남의 밥그릇을 뺏거나 경쟁하기보다 오히려 한 발 물러서 농업을 도와준다면 시너지가 극대화될 것으로 본다. 농촌 역시 귀농인 유입으로 인해 농어촌이 더욱 활기차고 지속 가능한 농촌이 될 것이다.

물론 귀농인 중에서 부모가 짓던 농사를 가업으로 승계하는 등의 입장은 별개로 한다.

특히 도시에서는 대기업은 물론 신입사원을 신규 채용하는 청년 일자리는 갈수록 줄어들고 있다. 전산화 자동화 등으로 인해 노동력을 이용하는 직업군은 점차 줄어들고 있다. 무인 자동시스템으로 산업현장이 바뀌어 가고 있다. 생산 공장도 판매 서비스 현장도 모두 마찬가지다.

최근 40세 미만 청년 창업자를 포함 귀농 인구가 2019년 50여만 명으로 계속 늘어나는 추세를 보인다. 이는 청년층이 우리 농업을 새로운 산업으로 생각하고 블루오션으로 인식을 전환했다는 점을 뒷받침하는 현상이다.

젊은 청년들이 기성세대의 기존 농부보다 가장 잘할 수 있는 것이나 잘하는 영역은 ICT(정보기술)을 이용한 자동화시스템의 작동과 운영에 의한 스마트팜(Smart Farm)이 가장 유망한 것으로 나타났다, 그리고 청년이 귀농해 성공한 사례가 대체로 스마트팜 농업이나 농장이 많다. 가축이나 농산물의 사육과 재배는 물론 환경을 제어하고 생산된 축산물이나 농산물을 가공 판매하는 기술이 기성 농업인보다 기술이 높다. 정보화에 대한 이해도와 기술이 앞서 있어 응용과 접목이 용이하다는 점이 장점이다. 특히 어려운 판로 개척은 인터넷이나 SNS(Social Network Service)를 활용하여 소비자를 직접 공략하는 특징을 보인다.

미국 투자의 귀재 '짐 로저스'도 농업을 유망 투자 대상으로 주장하고 있다. 우리나라 대학초청 특강에서는 여러분이 대학을 졸업할 때쯤은 농업이 가장 촉망 받는 유망업종이 되어 있을 것이라고 장담하면서 자동차 운전보다 농기구나 트랙터 운전을 배워야 한다고 강조하기도 했다.

한국의 짐 로저스를 자처하는 김(金) 로저스인 필자도 이와 같은 생각을 하고 있다. 왜냐하면, 농업이 우리 경제의 미래이기 때문이다.

농업 선진국인 유럽의 네덜란드나 독일 등에서는 젊은이들이 농업에 종사하는 것을 떳떳하고 자랑스러운 시선으로 보고 있다. 우리나라는 아직도 그 인식이 바뀌지 않고 있다. 이제는 우리도 농업에 대한 사회의 인식과 특히 부모의 인식도 많이 바뀌었으면 한다.

시대의 변화에 따라 유망 산업과 유망직종의 부침도 심하다. 시시각각 유망사업과 인기 직업도 바뀌게 마련이다. 한때 총각네 야채 가게가 성공했듯이 총각네 농부가 더 싱싱하고 신선해 보이는 농산물을 재배할 것 같은 인상을 풍긴다.

정부에서도 청년 일자리 차원에서 청년창업농육성사업을 전개 중이다. 3년에 걸쳐 농업 정착 자금을 봉급 지급 방식으로 지원하는 제도다. 1차년도는 매월 100만 원, 2차년도는 90만 원, 3차년도는 80만 원을 매월 지급한다. 물론, 청년 아무에게나 지원하는 것이 아니고 농촌 창업을 원하는 청년의 소정의 신청을 통해 서류 심사와 인터뷰 등으로 선발한다. 필자도 청년창업농 선발 위원으로 참여하지만, 현장에서 느끼는 생각은 농사도 청년이 해야 되겠다는 생각이 들곤 한다. 젊은이들의 참신한 사고와 아이디어가 무궁무진함을 느낀다. 사회가 급속도로 변화하고 있는 현실에서 농어촌도 발 빠르게 대응하기 위해서는 농어촌이 더욱 젊어져야 할 것으로 보인다. 물론 이러한 청년농지원 사업운영과 관리에서 벤처 자동차 수리비가 증빙으로 올라온 사례가 있었다. 국회 청문회 등에서 논란이 되기도 하는 등 어려움과 문제점이 없는 것은 아니지만 지속적인 개선을 통해 농어촌이 청년 창업농 증가로 더욱 젊어지고 청년으로 인해 우리 농어촌의 장래가 밝아졌으면 하는 바람이다. 청년 농업인들도 억대 이상 부자가 되고 도시인들이 외제차를 쉽게 타고 다니듯이 농업인도 눈치 보지 않고 쉽게 타고 다니는 것이 일반화되었으면 한다.

유럽의 청년 농업인이나 농업 부호들은 우리나라와는 전혀 다르게 자유롭다. 이는 우리가 아직도 고정관념에 사로잡혀 있기 때문이다. 세상은 변하고 사람의 생각도 세상의 흐름에 따라 변해야 된다고 생각한다. 낡은 옛 사고방식으로는 진취적 생각과 우리의 미래농업에 도움이 되지 않기 때문이다.

어떤 일로 선택과 집중을 통해 수익을 창출할 것인가?

뿌린 만큼 거두는 이치가 농사다

농사는 누구를 속이거나 절대 배반을 하지 않는다. 농사든 비농사든 어떤 일을 선택해서 뿌린 만큼 거둘 것인가? 일을 선택한 후에는 소득 성과를 내기 위해서는 그 일에 집중해야 한다. 도시나 시골이나 돈벌이에 대한 부담은 영원한 숙제다. 시골이라고 좋은 공기만 마시고 살 수 없는 노릇이다. 자신의 형편과 여건에 맞는 소득원을 찾아 최소한의 돈 걱정에서는 벗어나야 한다.

탈무드에 이런 이야기가 있다. "돈을 소홀히 하는 상인은 털 없는 양과 같다." 심지어 지갑이 사람을 움직인다고까지 할 정도다. 이는 유대인이 돈의 가치와 중요성을 강조한 말이다.

농가소득은 아직 도시근로자소득의 66%에 불과하지만, 올해는 전년보다 5.3% 증가한 4,490만 원으로 예상한다. 관건은 농가소득이 불안전하지 않고 안정화되어야 한다는 점이다. 농촌에서 얻는 소득은 농업소득, 농외소득, 이전소득으로 구분한다. 이 3가지 소득을 합쳐 농가소득 또는 농민소득이라 한다. 농업소득은 순수 농산물 등의 재배나 생산에서 얻는 수입이며, 농외소득은 농업소득 외 겸업, 식품, 관광, 임대수입 등이다. 이전소득은 보조금, 복지 및 연금 소득이 이에 해당한다.

농촌 농업 농민으로 삼농(三農)의 근간이 되는 '농업. 농촌 및 식품산업 기본법'을 살펴보도록 하자. "농업에 대한 '기본개념'은 제2조 (기본개념) 농업은 국민에게 안전한 농산물과 품질 좋은 식품을 안정적으로 공급하고 국토환경의 보전에 이바지하는 등 경제적, 공익적 기능을 수행하는 기간산업으로서 국민의 경제, 사회, 문화 발전의 기반이 되도록 한다."

농업에 대한 '정의'는 "제3조(정의) 농업(Agriculture)이란 농작물 재배업, 축산업, 임업 및 이들과 관련된 산업으로서 대통령령으로 정하는 것"을 말한다. 농촌에서 농업 활동을 통해 농가소득을 얻기 위한 경제적 활동은 농업의 개본 개념과 정의에 나와 있는 제 활동을 통해서 얻을 수 있다.

또한, 농업인의 기준은 1년 중 120만 원 상당의 판매가 있어야 한다. 아울러 90일 이상 농사에 종사해야 한다. 농지 면적은 1천 제곱미터 이상 농지를 소유 또는 임대해야 한다. 농업경영체는 농업인과 농업법인을 말하며, 농업법인에는 영농조합법인과 농업회사법인을 포함한다. 일반적으로 사용하고 있는 농업경영주는 법적 용어는 아니며, 편의상 부르고 있다.

농업과 농업인에 대한 법적 근거를 살펴보았으니, 이제는 정부의 농정 방향을 알아볼 필요가 있다. 정책 방향에 의해 농업에 관련한 중점 추진사업과 더불어 지원제도가 함께 따라가기 때문이다. 여기에는 정부 및 지자체의 영농자금지원이 포함된다.

2020년 농림축산식품부의 농정 주요사업계획은 '사람과 환경 중심의 농정혁신'을 실현하기 위해
- 일자리가 늘어나는 활기찬 농업
- 사람이 돌아오는 따뜻한 농촌
- 농업의 공익적 가치가 실현되는 대한민국
- 농산물 가격 급등락 최소화
- 가축 질병 걱정 없는 안전한 대한민국으로 목표를 설정했다.

농정 주요 사업계획에서 보다시피 농촌 일자리를 늘리기 위한 새롭고 다양한 일자리 발굴과 일자리를 통한 소득증대에 노력할 것으로 본다.

사람이 돌아오는 농촌을 만들기 위해서는 더욱 편리하고 편안한 농촌의 인프라 구축 및 불편함이 없는 매력적인 농촌 환경에 지속적인 투자해 나갈 것으로 보인다. 농업의 공익적 가치 실현 차원에서 올해부터 농민수당이라 할 수 있는 공익직불제를 시행한다. 농산물 가격 폭락에 따른 농민의 피해를 줄이기 위해 더 구체적인 보상 등의 대책을 마련할 것으로 본다. 가축 질병 등 안전한 먹을거리

를 위한 농산물 가공 및 식품 제조 공장 등에 대한 각종 시설 지원이 따를 것으로 보인다.

어떤 사업을 하던 사업은 경제의 흐름과 시류에 따라 그 승패가 좌우된다. 사람도 돈도 소비자도 사회 경제 환경과 흐름에 의해 따라가기 마련이다. 고기를 잘 잡는 낚시꾼은 고기가 잘 잡히는 물때를 맞춰 고기가 많이 몰리는 낚시 포인트를 선정한다. 돈에 눈이 달린 것이 아니고 돈을 잘 버는 사람은 돈을 잘 찾아내는 안목과 기술을 가진 사람이다. 필자가 백화점 점장 시절에 경험한 사례다. 쌀은 마진이 극히 낮지만, 잡곡 붐이 일어 쌀장사 대신 다양한 잡곡을 수매, 포장, 유통하여 많은 이득을 본 잡곡 상인이 있었다. 그 당시 대형할인점이 전국적으로 매장확장을 하던 시절이기도 했다. 그뿐만 아니다. 제조업 두부가 양산 소비되기 전 가내수공업의 손두부 등을 주로 먹었던 시절이 있었다. 그러다 두부 시장은 위생적인 포장으로 제조업 브랜드 두부가 점유해 버렸다. 그러던 중 수제품이 한때 유행을 타기 시작했다. 물론 그 추세는 지금도 수제 맥주 수제 소시지 수타짜장면 등이 인기가 있는 것처럼 한때 전통시장이나 마트에 즉석 두부 제조가 유행처럼 인기몰이한 적 있다. 옛 전통식품에 대한 향수와 즉석 두부라는 김이 모락모락 나고 따뜻한 두부는 가족 밥상을 유혹하는 좋은 찬거리다. 진열대에 질서 정연하게 포장된 대기업 두부와는 차별화되었기 때문이다. 최근에 시중에 보면 즉석 찹쌀 꽈배기가 프랜차이즈 사업으로 유행하고 있는 것과 유사하다.

암에 대한 공포는 누구나 가지고 있다. 의술이 발달해 암 치료율이 70%에 이르고 있지만, 건강에 대한 염려는 다 마찬가지다. 버섯이 항암에 좋다는 것이 알려지면서 소매업 식품부에서 가장 많이 팔리는 상품이 버섯인 적도 있었다.

이처럼 사업도 아이템도 사회적 환경과 소비자의 트렌드(Trend)에 맞는 농산물 재배나 상품개발이 필수이다. 문제는 적절한 흐름에 맞춰 때를 잘 포착해야 한다. 너무 빨라도 너무 늦어도 곤란하다. 한참 유행을 하다가 뚝 끊기는 절벽 현상이 오기도 한다. 불타는 조개구이, 안동찜닭, 대왕카스테라 등을 생각해 보면 충분히 이해가 될 것으로 본다. 반면 순대, 설렁탕, 백반 정식, 김치찌개, 김밥 등은 특별한 유행도 없으니 큰 부침 없이 꾸준하다. 여기에 숨은 소비자의 선택과 선호 기준은 서민, 대중 등 우리에게 친숙한 국민 음식이라는 소비자의 인식이 자리 잡고 있기 때문이다. 큰돈을 벌지는 못해도 리스크가 없는 장점이 있다.

이처럼 농산업 분야도 예외일 수는 없다. 가격파괴를 앞세워 그렇게 잘나가던 대형할인점이 매력을 잃었지 오래다. L마트는 200여개 점포를 정리할 정도다. 대신 농민이 생산한 농산물을 현지 주민에게 믿을 수 있는 농산물을 취급하여 직접 판매하는 '로컬푸드 직매점'은 성업 중이다.

고객은 왕도 신(神)도 아닌 귀신이다. 옛날에는 상인이 10전의 이

익을 위해 십 리를 간다고 했지만, 요즘은 소비자가 100원이라도 절약이 된다면 10리가 아니라 국내를 넘어 해외 직구까지 하는 시대로 변했다.

코로나바이러스 사태로 마스크를 싸게 팔았던 마트 우체국 행복한 백화점 등에 줄을 늘어서 장사진을 친 현실을 우리는 목격했다. 그들도 분명 유명 브랜드 고가 상품을 서슴지 않고 샀을 것이다. 한 잔에 5~6천 원가량 하는 스타벅스 커피도 주저 없이 즐기는 고객일 것이 뻔하다.

다음은 선택과 집중에 대해 살펴보도록 하자.

▼느티나무 아래 정자가 있는 싱그럽고 정겨운 옛 농가주택

귀농은 선택을 통한 결단이다. 그렇다면 귀농에 대한 자신의 책임을 성과로 완성해야 한다. 열매를 맺기까지 어떤 일에 집중할 것인지에 대한 과제가 남았다. 과연 농어촌에서 자신에게 적합한 사업은 무엇일까? 귀농 결단 후 가장 심각한 고민이며, 제2~3의 인생을 책임질 수 있는 중차대한 문제다. 인생의 의미도 생각해야 하고, 얼마 남지 않은 삶의 한정된 시간을 고려할 때 개인적인 목표 설정도 필요하다.

현실적으로 더 중요한 것은 자신의 건강, 재정의 정도, 손수 할 수 있는 기술 등을 갖춰야 한다는 것이다. 사업의 선택과 결정은 애매하게 생각했더라도 계획했던 내용을 더 구체적이고 분명하게 재수립하여야 한다. 애당초 귀농·귀촌 전에 세웠던 계획이 지역과 현장의 여건과 사정에 따라 수정이 불가피한 일이 생길 수 있기 때문이다. 젊은 귀농인이나 창업자라면 문제가 되지 않겠지만 중장년층이나 은퇴자의 경우는 뭔가를 새로 시작한다는 것이 두렵고 자신감이 떨어질 수밖에 없다. 특히나 생소한 농어촌에서 농업을 처음 한다면 더욱 어렵고 힘들 것이다. 그러나 보니 은퇴자의 정착 성공 비결은 “겁먹지 말고 도전하라”라고 조언하고 싶다.

농업의 경우 작목선택이 중요하다. 도시나 농촌 모두 업종선택이 사업 성과와 결과에 많은 영향을 미치다 보니 가장 신중해야 할 부분이다. 친구 따라 강남 간다는 말이 있다. 어떤 친구에게 무슨 일로 강남에 따라 갈 것인지 강남이 내 체질과 적성에 맞는지 스스로 파악해 판단할 문제다. 잘못되면 친구가 보상해 주지 않는다. 이처럼 남이 한다고 무작정 따라 하는 것은 결코 좋은 선택이 될 수 없다. 작목을 선택하는 기준을 조사한 결과에 의하면 예전부터 계획했던 작목선택이 1위, 부모와 친척이 권유한 작목이 2위였으며, 소득이 높거나 경제성이 높은 작목을 선택하는 것이 3위로 나타났다. 1위의 경우 소신이 뚜렷하며, 부모와 친인척은 남보다 믿을 수 있다는 점이다. 그리고 3번째인 경제성은 공통으로 고려해야 할 사항이다.

또한, 지역별로 특화 작목이나 과채 등이 널리 알려져 유명한 지역이 있다. 지리적 표시나 특구로 지정받은 지자체이다. 배 하면 나주, 곶감은 상주, 영동은 포도로 잘 알려졌지만, 곶감도 유명하다. 복숭아는 햇사레(음성, 감곡, 이천), 한우는 횡성, 복분자는 고창, 오미자는 문경, 참외는 성주, 고추는 청양 영양, 딸기는 논산, 마늘은 의성 등이다. 사과, 포도 등은 우열을 가리기가 쉽지 않다. 이런 유명한 산지에 귀농했을 경우 현지 작물을 재배하는 방법도 있다. 인지도가 높은 경우 마케팅이 용이해 판로 개척에도 도움이 되기 때문이다.

순수 농업이 아닌 농업 관련 일이나 농촌과 농업을 지원하는 서비스업을 통해 창업이나 창직(創職)을 하는 때도 있다. 어떤 사업을 할 것인가가 마찬가지로 중요하다. 시장 수요도 생각해야 하고, 본인이 가진 전문성과 경쟁력도 고려해야 하기 때문이다. 무엇보다 중요한 것은 사업성을 고려해야 한다.

창직은 창업과는 차이가 있다. 소위 1인 기업가와 같으며 프리랜서 성격이 강하다. 1인 중심으로 자신이 가진 달란트를 사업화한 것이다. 창업과는 달리 자기 일에 대한 보람이 강하지만 자신의 취향에도 맞고 소질도 있어야 한다. 그러다 보니 돈보다 가치를 추구하게 되고 창의성의 발휘도 가능하다. 창업과 비교하면 창직은 보다 여유롭고 자유스럽게 일할 수 있다.

물론 창직을 하고 싶지만, 평소 배워둔 전문성이나 특출한 자질이 없으면 할 수 없는 영역이다. 업무에 대한 자격증이 있어야 하고, 오랫동안 현장에서의 실무 경험이 쌓여 있어야 한다. 비농업 부문에 속하는 직종과 사례 등은 앞에서 소개가 되었기 때문에 참조하기 바란다.

유망업종이나 추천 업종도 참고되겠지만 작목의 선택 1순위가 평소 마음에 둔 작목을 선택하듯이 자신의 능력에 맞고 사업성이 있는 소신 있는 결정이 무엇보다 중요하리라 본다. 사업 타당성에 대한 검증은 정보를 모아 원인분석을 통해 파헤쳐 본 후 예상되는 문제가 있는 것들은 대안을 세워야 한다.

그런 후 최적의 계획을 수립하고 의사결정을 하게 된다. 사업에 대한 전략 계획의 수립은 어떤 사업이 좋은지? 어떤 형태나 방식으로 꾸려 갈 것인지? 어떠한 구체적인 목표를 세울 것인지? 미래 환경 변화에 대한 대응력은? 연관 사업과 연대 및 융합방안은? 경쟁과 위험요소에 대한 해결 대안 등이 마련되어야 한다.

어떤 사업계획이든 기간별 사업을 추진할 계획을 단기, 중기, 장기계획으로 수립해야 한다. 요즘처럼 급변하는 시장 환경에 중장기 계획이 무슨 소용이 있느냐 하겠지만 집을 지을 때도 설계변경을 하는 것처럼 시시때때로 시장 변화를 읽어가며 수정과 개선을 통해 사업을 추진해 가야 할 것이다.

아카데미 오스카상 4개 부문을 석권한 영화 기생충에서 "처음부터 계획이 없다"라고 했다. 그들은 계획을 세울 수 없는 환경에서 살아가고 있었다. 어떤 일을 하기 위한 자금도 가난에서 벗어나기 위한 가족 간의 역할도 세우지 않았다. 그냥 하루하루 먹고사는 데 급급했던 거다. 우연히 일어난 돌발적인 사태에 계획이 없었으니 그냥 되는 대로 대처했을 뿐이다. 계획 수립이란 예측이 불가한 상황의 일을 실행할 수 있도록 해야 한다. 계획한 일을 실천하기 위해서는 선택과 집중의 노력이 필요하다. 변화무쌍한 환경에 대응하기 위해서는 위기 대응을 위한 리스크 관리가 마련되어 있어야 한다.

또한, 목표한 사업계획을 성공시키기 위해서는 상대나 경쟁자가 모방할 수 없는 가치를 가졌거나, 자신만이 보유한 핵심적인 능력을 갖춰야 한다. 남다른 핵심역량(Core Competence)을 통해 남이 도저히 따라오지 못할 때 더 많은 수익을 창출할 수 있을 것이다.

젊은 사람이건 나이든 사람이건 귀농·귀촌을 통한 농업이나 관련 사업을 한다는 것은 인생 1막이나 2~3막이 될 수 있다. 인생을 어떻게 살 것인가의 문제다.

그것은 청년의 경우 출발일 수 있지만, 은퇴자 등은 또 다른 인생의 시작이다. 그래서 뭔가를 하기 위해 일단 일을 벌여야 한다. 이를 위해서는 돈을 벌기 위해 벌린 일에 대한 선택과 집중이 절대적이다. 뭐든지 이것저것 다 하려 하지 말고 자신 있는 것부터 해야 한다. 농사는 특히 서둘러서 되는 일이 없다. 초조해 급하다 보면 일을 그르칠 수도 있다.

선택과 집중에 대해 이론적인 설명은 생략하도록 하겠다. 혹독한 겨울을 나기 위해 나무들이 잎사귀를 낙엽으로 떨어트리는 것과 같다. 좋은 과일 결실을 위해 과수원의 나뭇가지들을 과감하게 전지작업하는 것도 이와 같다.

공병호 박사는 『공병호의 자기경영노트(2001)』에서 "자신의 인생은 자신이 창조하는 것이며, 그리고 집중하라, 전부를 걸어라"라고 했다. 교보생명과 대산농촌재단을 설립한 신용호 창업자는 맨손 가락으로 아름드리 참나무에 구멍을 뚫으라고 했다. 바람의 딸 여행가 한비야도 한 아궁이에 불을 모두 몰아주어야 가마솥에 물이 끓는다고 했다.

필자는 중학교 때 공직생활을 하셨던 아버지를 잃고 가정형편이 어려워 신문 배달을 했다. 그 당시 나의 집중력이란 적산 가옥의 3층 열린 창으로 지상에서 신문을 정확히 쏘아 올렸다. 한 방이면 3층까지 오르내릴 필요가 없었다. 배달하는 시간에 동료들은 공부하고 있었기 때문이다. 나 또한 부족한 공부를 보충해야 했기 때문에 최대한 신문 배달 시간을 단축해야 했던 거다.

귀농·귀촌을 통해 원하는 것을 얻기 위해서는 자연과 환경에 순응하며 오랫동안 기다려야 할 일도 있다. 그런 가운데 선택한 일을 통해 더욱 많은 수익을 올리기 위해서는 선택과 집중을 일생 생활화해야 할 것이다. 작목에도 주력 작목이 있고, 비농업을 위한 사업에도 주력 대표 사업이 있기 마련이다. 전문성과 집중화를 통해 경쟁력을 가지기 위해서다. 이것저것 하다가 오히려 전문성을 떨어뜨려 한 가지도 제대로 못 할 경우가 있다.

기업경영에 있어 사업 집중화는 사업 다각화의 반대말이다.

필자가 임원으로 재직했던 진로 그룹이 외환위기 때 몰락한 가장 큰 이유 중의 하나가 소주와 맥주 등 주류 중심의 주력 사업 외 건설 유통 첨단 산업까지 벌리는 사업 다각화로 좌초된 것이었다. 이러한 의사결정은 소유주(Owner)에 의해 결정되며, 2세 경영실패의 결정적 원인도 선대 창업자보다 경험과 경영자질이 부족한 점도 한몫했다고 본다. 사업은 이것저것 벌일 수도 있지만, 자신 있는 사업 영역을 통해 선택과 집중을 하는 경영전략이 사업 다각화보다는 위험부담이 적다.

열정과 도전보다 쉬지 않는 학습이 더 중요하다

어떤 분야를 불문하고 교육과 학습이 중요하다는 이유는 굳이 강조할 필요가 없다고 본다. 독자와 귀농을 계획하는 여러분이 대한민국 국민이라면 모두가 공감할 것으로 생각한다. 이는 우리나라 경제 발전과 고도성장의 견인이 세계 1위의 교육열이라는 사실이다. 흔히 대학을 학문과 진리의 전당으로 상아탑(象牙塔)이라 부르지만, 우리의 경우 과거 대학을 우골탑(牛骨塔)이라 불렀다. 소를 판 돈으로 등록금을 해결했기 때문이다.

영국 옥스퍼드대 건물의 쌍둥이 탑을 상아탑이라 부르고 있다. 아마 독자 중 시골에서 태어나고 자라 대학을 간 사람이라면 집안의 재산목록 1호인 키우던 소를 팔아 등록금을 마련해준 부모님을 잊지 못할 것이다. 우리나라는 전통적으로 농업 국가여서 가축 중 소를 가족처럼 생각했다.

고된 농사일 중 밭갈이와 논갈이에서 소가 사람 이상의 몫을 감당했다. 추운 한겨울에도 봄 한 철 농사일을 시키기 위해 가마솥에 쇠

죽을 끓여 주시던 할아버지의 정성을 지금도 기억한다.

봉화에서 촬영된 영화 워낭소리는 주인공인 최 영감보다 늙은 소가 주인공 역할을 할 정도였다. 생사고락을 같이한 소가 죽자 양지 바른쪽에 무덤까지 마련해 주었다. 최 영감이 돌아가신 후 소를 주인 옆으로 이장해 주기까지 하였다. 친환경 농사만을 고집한 영화 촬영 무대가 되었던 장소는 워낭소리 기념공원으로 조성되어 있다. 옛날에 자신이 못 배운 것이 한이 되기도 했지만, 자식만은 공부를 시켜야 한다는 자식 교육에 대한 교육열이 남달랐기 때문이다. 가장 소중한 재산을 팔아서라도 대학교육을 지킬 정도였으니 어렵던 시절 우리네 부모들의 결단이 오늘의 한국을 이룩한 원동력이 되었다.

이러한 교육열도 우리나라가 세계 문맹률 1% 이하의 유일한 나라이다. 평균 IQ가 세 자리 숫자로 세계 1위다. 세계 유수 대학 1등까지도 우리 유학생들이 휩쓸고 있다. 심지어 일하는 시간이 세계 2등이며 노는 시간도 세계 3위다. 한마디로 부지런히 일도 하고 놀기도 잘하는 여흥이 넘치는 민족이라는 의미다. 아마 일하는 시간 중 일부는 독서와 교육 등에 할애할 것으로 여긴다.

옛말에 '여든 살 노인도 세 살 먹는 아이에게서 배울 게 있다'고 한 말이 요즘은 그 말이 씨가 되어 기성세대와 노년층은 정보화 시대의 앞선 기술 등은 나이 어린 젊은이들에게 배울 수밖에 없는 처지가 되었다. 도시보다 농어촌 현장은 더욱 절실한 필요 사항이 되었다.

안중근 선생은 "하루라도 책을 읽지 않으면 입안에 가시가 돋는다."라고 했다. 요즘은 책보다는 핸드폰이 대세인 듯하다.

필자의 경우 대부분 대중교통을 이용하면서 책을 읽은 편이지만 책 읽는 사람을 찾아보기 힘든 세상이 되었다. 그럼에도 불구하고 대형서점이나 국립도서관에는 사람이 넘치기도 한다. 젊은 시절 일본 연수를 갔을 때 놀란 점은 지하철에서 그 당시 십중팔구는 책들을 보고 있었다. 부럽기보다 대단하다는 생각을 했었다.

책은 1만5천 원 투자에 15억 이상의 가치를 지녔다고 생각한다. 어떤 책이든 그 속에 작가의 지식 지혜 기술 경험 등이 고스란히 담겨 있는 교과서이자 인생 참고서 이상의 역할을 하기 때문이다. 김대중 전 대통령은 옥중 독서 분량을 통해 삶을 되돌아보고 희망을 잃지 않고 지도자가 될 수 있었다고 술회했다.『옥중서신』이 그 당시 집필 대표 서적이 되기도 했다. 지도자 중 독서광 하면 전무후무한 미국 4선까지 지낸 루스벨트 대통령령을 손꼽을 것이다. 어릴 때부터 외할아버지 서재에 살다시피 했다. 뉴딜경제정책과 세계 2차 대전을 승리로 이끈 지도자의 지혜와 리더십은 독서를 통해 터득했을 것으로 짐작된다. 특히 라디오를 통해 국민에게 전달한 메시지는 노변정담(爐邊情談)으로 국민으로부터 많은 인기를 얻기도 했다.

이제는 귀농·귀촌을 준비하거나 이미 하신 분들을 위한 학습에 관한 이야기를 하고자 한다. 대다수가 전혀 생소한 농어촌 생활을 위해서는 사전 교육이 필수며, 귀농·귀촌 이후에도 적응하고 정착하기 위한 지속적인 학습이 필요로 한다. 농촌 시골살이 교육은 산업사회의 도시교육과는 다르다. 귀농·귀촌 교육의 교육철학은 '배울 게 있다면 미물도 스승이다.'이다. 이는 자연에서 배워야 할 교훈이 많다는 이야기다. 일본 3대 서예가인 '오노 도후'는 포기하고 싶을 때 무수한 도약 끝에 기어코 거대한 나무 위로 올라가는 작은 개구리의 모습을 보고 다시 도전할 깨달음을 얻었다고 한다.

호박벌은 과학적으로는 도저히 날 수 없는 곤충이다. 무거운 몸통으로 날기 위해 짧고 가벼운 날개로 초당 200회 날갯짓을 통해 하루 평균 200km를 날아다닌다. 작은 미물인 개구리나 호박벌도 자신의 약점을 끊임없는 학습을 통해 보완하여 생존해오고 있다. 그러고 보면 인간 역시 평생학습의 끈을 놓지 않고 지혜롭게 살아가는 고등동물인 셈이다.

이제껏 도시에서 배운 모든 지식 등은 휴지통에 일단 버리는 자세가 중요하다. 왜냐하면, 농어촌 교육을 새롭게 채워가기 위해서다. 물론 도시 생활이나 농촌 생활에 공통으로 적용해야 할 것들을 송두리째 버리라는 말은 아니다.

서두에서 설명이 있었지만, 귀농·귀촌 시행착오나 실패 원인 중 가장 큰 이유가 '사전 교육 부족'과 '입지선정'으로 나타났다.

귀농 결정을 짓는 열정과 도전정신의 정도는 자신이 가진 정신적 무형의 자산이라면 교육과 학습은 실제 몸소 터득하고 체험, 경험, 반복 등을 통한 유형의 정신적 육체적 노력이 뒤따라야 한다. 특히 농업 기술 분야는 운전면허를 취득하는 것과는 비교되지 않을 만큼 힘들다. 그리고 아무리 영농교육을 잘 받고 농사를 잘했다 하더라도 자연재해 등의 예측할 수 없는 리스크는 피할 길이 없다. 이처럼 자연환경에 대응할 대처방법 등도 현지 고수들의 현장 경험과 지혜를 동시에 익혀야 한다.

귀농·귀촌하기 위한 학습과 교육은 이미 귀농 관련 단체나 지자체에서 충분한 분야별 전문성을 갖추고 교육하고 있다. 교육 내용은 귀농 전이나 후에도 필요에 따라 교육을 받을 수 있으며, 현지 농어민과 함께 교육을 받는 과목도 많다. 교육 중 교류를 통해 교육 외적인 농촌 정보를 많이 얻을 수 있는 커뮤니케이션 창구가 되기도 한다. 귀농·귀촌 사전 준비 기간에 받을 수 있는 교육과 귀농 후 현장에서 뿌리를 내리기 위한 영농중심의 교육으로 구분할 수 있다. 물론 내용 중에는 꼭 구분하지 않아도 될 내용도 겹치기도 하는 만큼 본인의 사정에 따라 교육을 받으면 된다. 주로 교육은 이론 교육과 현장 실무교육으로 구분되며 현장교육은 농장이나 경영체를 답사하는 교육 과정도 현장 학습에 포함된다. 농기계와 트랙터 운전 등은 직접 훈련을 통해 기술을 익혀야 하는 실습 과정도 있다.

심지어 비닐하우스나 농업 구조물을 직접 짓기 위해서는 용접 기술이 필수이다. 작목 선정방법도 본인의 신중한 의사결정에 의해 정하기도 하지만 주변의 정보를 파악해 알아보는 것도 학습의 과정이다.

일례로 아버지가 하던 장미 농사 대신 빨간색 농산물인 방울토마토와 딸기 작물 등으로 성공한 젊은 농부가 있다. 직장 생활을 하면서 얻은 수치 데이터 분석 능력을 적용, 농작물의 성장기록을 객관화하는 기법을 도입해 방울토마토를 작목으로 선정해 성공한 사례다. 꽃은 1년 중 기념일이나 행사일에 소비가 되지만 방울토마토는 연중 우리 식탁에 오른다. 결국, 수요가 많아 농산물 회전율이 높다는 이야기다. 상품의 대중화는 시장의 크기 즉 수요를 결정하며 농산물의 생산, 출하 공급량의 기초가 되기 때문이다. 고급 와인과 위스키가 좋은 것은 다 잘 알지만, 가격도 비싸고 마시는 기회가 흔치 않다. 대신 막걸리 소주 맥주는 쉽게 들판에서도 농사일을 마치고 한잔할 수 있는 부담 없는 술이다.

또한, 성주에 가면 참외 농사를 꼭 하라는 법은 없다. 성주에 귀농해 노루궁뎅이 버섯을 선정해 오히려 성공했다. 저비용 고효율 농장을 운영 중이며, 아내와 아들 간 업무가 철저히 분업화되어 있다. 남다른 점은 농장 내 교육장을 직접 15년 차 운영하며, 타지에서 온 귀농인 교육도 지원하고 있다. 배워야 성공한다는 일념으로 직접 실천하고 앞서가는 농부다. 이처럼 성공한 배경에는 교육과 학습이 필수적으로 뒷받침되었음을 알 수 있다. 한국갤럽조사에 의하면 귀농·귀촌 정보를 가족 또는 지인에게 67%와 61%를 얻는다고 조사 되었다. 물론 가족이나 지인이 귀농·귀촌에 정통하면 좋겠지만 그렇지 않을 수도 있다.

흔히 입소문과 귀동냥에 의존하거나 충분한 교육 과정도 없이 성급한 귀농·귀촌 계획과 시골 생활을 시작했다가 원점에서 다시 출발해야 할 우려가 있다. 귀농·귀촌이 혼자만의 짝사랑이 되어서는 안 된다. 사랑을 제대로 하려면 상대에 대한 충분한 준비와 연애 작업의 기술과 경험을 터득해야만 상대를 설득할 수 있는 것과 같다. 시골살이를 통해 필요한 수익원을 창출하는 방법은 귀농을 비롯해 창농과 창직 등으로 구분된다. 어떤 일을 선택하든 처음부터 다시 시작하려면 기본교육과정을 거쳐야 한다. 이제까지 쌓은 전문 분야를 통해 시골에서 사업을 시작한다면 농촌의 환경과 정서, 지역 주민의 특성 등을 고려해 준비를 새롭게 해야 할 필요가 있다. 이러한 준비과정은 모두가 교육과 학습 과정에 해당한다.

다음은 귀농·귀촌을 위한 교육이나 학습을 통해 꼭 알아둬야 할 내용 등을 알아보자. 자금 마련 준비와 대책, 작물별 각종 영농기술, 농어촌 농지와 주택 등 부동산 거래와 계약, 정착지 지역선정, 작물 선택 등이 이에 해당한다. 열거한 내용은 도시 사람들이 귀농·귀촌하여 정착에 곤란을 받는 요인들에 해당하는 내용이기도 하다.

도시 사람들의 귀농·귀촌 3가지 큰 고민은 첫째, 어디로 가야 할 것인가? 둘째, 시골로 가서 무엇을 할 것인가? 셋째, 주거는 어디서 하며 살 것인가?

첫째는 입지선정에 대한 정보, 둘째는 수익원 확보에 대한 대책, 셋째는 집을 도·농 중 어디에 마련할 것인가? 이 3가지에 대한 사항별 문제 해결을 통한 답을 찾는 과정이 교육이고 학습이 되는 셈이다. 결국, 실패하지 않는 귀농·귀촌은 '교육을 제대로 받은 자가 성공한다.'라는 것으로 귀결된다. 결과적으로 귀농·귀촌의 지혜로운 과정과 단계는 1단계, 사전 교육 후 귀촌부터 먼저 해 본다. 2단계, 귀촌한 후 귀농에 대한 의사결정을 해도 늦지 않는다. 3단계, 농지나 주택은 임대해 농사를 짓거나 살아보고 적정한 물건을 매입하게 되면 시행착오를 최소화할 수 있다. 물론 이러한 과정은 원칙은 없다. 각자의 귀농 형태와 사정에 따라 다를 수 있기 때문이다.

필자가 귀농·귀촌을 준비하는 독자 여러분께 꼭 권유해 주고 싶은 방법이 있어 소개하고자 한다. 어떤 나이든 나이를 불문하고 어떤 일을 선택하든 일단 일을 벌일 필요가 있다고 본다.

첫째는 '자기소개서'를 진솔하게 작성해 보도록 하자. 살아온 자신의 발자취를 뒤돌아보며 삶을 정리하는 기회가 될 것이다. 이제까지 나는 어떤 일을 하면서 삶을 살아왔는지 과연 무엇을 성취했는지를 발견할 수 있을 것이다.

둘째는 '귀농·귀촌 계획서'를 수립해 보기 바란다. 도시 생활을 청산하고 시골에 살려는 이유와 목적이 무엇인지를 분명히 할 필요가 있다고 본다. 앞으로 삶을 무슨 일을 통해 새롭게 살아갈 것인지에 대한 미래의 생활 설계가 될 것이다. 계획서를 작성하다 보면 자신의 가치관과 삶의 철학도 되새겨 보는 계기가 될 것으로 생각한다. 우리는 흔히 자기소개서 등은 취업을 위해 작성하지만, 귀농·귀촌 역시 평생직장 선택을 위한 자신의 가슴에 제출하는 것으로 생각하면 된다. 최근 TV프로에 나이가 든 유명 인사들을 대상으로 진행된 〈취준생〉 프로를 보았다.

아마 이들도 새로운 직장을 구하기 위해 취업 준비를 하고 인터뷰를 하는 과정에서 다시금 자신을 되돌아보았을 것으로 생각한다. 앞으로 남은 인생 설계까지 하게 되었을 것으로 여긴다.

귀농·귀촌도 마찬가지라고 생각한다. 열정과 도전보다 중요한 것은 쉬지 않는 평생학습 자세이다. 자신을 뒤돌아보고 정리 점검하고 새로운 계획을 세우는 과정이 귀농·귀촌 정착을 위한 그 어떤 교육보다 선행되어야 할 것으로 본다. 참고로 귀농·귀촌을 위한 준비 필수 과정인 교육과 학습은 정보수집이 출발점이다. 귀농·귀촌에 도움이 되는 정보를 얻을 수 있는 농림축산식품부 귀농·귀촌 종합센터 사이트 www.returnfarm.com와 농진청 농업기술포털 농사로 사이트 www.nongsaro.go.kr 에서 영농기술 정보도 참고하기 바란다.

▲봄에는 찔레꽃 향기로 까치밥 열매는 정물 속으로…

귀농 · 귀촌 6차 산업화가 답이다

6차산업이라 하면 농업과 귀농에 관심이 있는 분이면 다들 알고 있겠지만 다소 생소한 분들도 있을 것이다.

4차산업은 워낙 널리 알려져 잘 알고 있지만, 농업 6차산업은 그렇지 못하다.

6차산업이란? 과거 농업 하면 농사만 짓는 것으로 인식되었다. 농사를 통해 재배 생산된 농산물을 제조 가공하는 2차산업과 유통 체험 관광 외식 ICT 서비스 등의 3차 산업 간 융·복합화를 통한 농업의 고부가가치를 높여 농민의 소득을 증대시키는 미래지향적 농업 정책이다. 다시 말해 농업 독자적으로는 농식품의 성장과 발전에 한계가 있음을 인식하고 2~3차산업과의 융합과 협업을 통해 농산업의 규모를 확대하여 부가가치를 높이자는 신(新)농업 전략이다. 즉 2차산업인 농산물 가공 식품화를 위한 제조가공기술과, 판로확대와 서비스 등은 3차산업과 협업이 불가피하다. 시장경제 환경이 하루가 다르게 변함에 따라 소비자 요구도 급변하고 있기 때문이다.

6차산업은 2014년 6월 농촌융복합산업육성법(6차산업법) 제정, 다음 해 농업 6차산업 육성과 지원을 위한 사업이 본격화되었다. 주무부처는 농림축산식품부이다. 광역지자체별 6차산업 지원과 육성을 위한 각도에 6차산업활성화지원센터가 설치 운영 중이다.

귀농·귀촌을 한다면 왜 6차산업이 답인가?

먼저 이 시대에 6차 산업화가 왜 필요한지를 살펴보면 6차산업이 우리 농업의 미래며, 귀농·귀촌인에게 적합한 농업 분야인지를 알 수 있을 것이다. 우리나라는 미국 중국과는 달리 절대 농지 면적이 좁고 열악한 농업환경에서 규모의 경제를 실현할 수 있는 농산물 생산량이 적다. 이처럼 열세인 농업경쟁력을 높여 농산업을 통한 부가가치를 높일 수 있는 대안으로 6차 산업화가 주목받기 시작했다. 우리보다 농업 6차 산업이 먼저 시작된 일본의 경우가 우리와 마찬가지로 경지면적이 좁다. 일본 동경대 이마무라 나라오미 교수는 1998년 농업생산에만 의존해서는 농업의 미래가 없다는 걸 직시하고 농업생산을 중심으로 2~3차산업과 연계하는 융·복합화를 시작하게 된 것이다.

농업의 고부가가치를 높여 농민이 잘살 수 있는 터전을 마련하고자 한 농업 정책이 6차 산업화가 도입된 배경이다. 일본의 경우 2010년 6차 산업화법이 제정되었으며, '6차산업 지산지소법'이 정식 명칭이다. 흔히 농업 6차산업으로 부르게 된 배경은 1차, 2차, 3차산업을 곱하거나 더해도 6차가 되기 때문이다. 농식품 6차 산업화가 우리 농업에 필요한 이유와 도입 배경은 다음과 같다.

첫째, 우리 농업의 현실이 자력만으로는 성장의 한계에 직면했다.

둘째, 이업종 간 융복합화에 의한 경영기조가 대세를 이루고 있어 농업도 이를 비껴 갈수 없다. 서로가 보유한 핵심 경쟁력을 공유, 상생공존을 위한 시너지 극대화 경영이 절실해졌다.

셋째, 귀농·귀촌 인구 증가와 라이프스타일의 변화로 기존의 농업에서 탈피, 새로운 사업 모델을 통한 산업농이 늘어나기 시작했다.

넷째, 도농화를 통한 교류가 활발해지고 소비자 요구의 변화 등으로 농촌이 자연환경과 농업만으로는 매력을 잃게 되었다. 체험관광 등 도시민이 함께 공유할 수 있는 농촌 기반의 새로운 서비스를 원하기 때문이다.

이처럼 도시 산업화에 익숙했던 귀농인이 예전처럼 농사만 짓는다면 도시인이 귀농·귀촌 결정을 망설였을 것이다.

그렇지만 6차산업은 단순히 종전의 농사만이 아닌 스마트팜(Smart Farm) 영농, 식품 가공, 판매, 체험, 숙박, 맛집 등을 융합함으로 현지인보다는 도시에서 귀농한 사람에게 적합하여 미래 지향적일 뿐만 아니라, 농산업도 비즈니스로서 매력을 가졌기 때문이다.

한국농식품6차산업협회 회원사를 비롯한 6차산업에 두각을 나타내는 농업인은 기존 현지 농업인보다 귀농·귀촌하여 성공한 농업인이 훨씬 많다. 도시에서 귀농한 사람들은 산업화의 다양한 경험과 기술을 농업에 접목하기 쉽기 때문이다.

귀농·귀촌인에게 6차산업을 권장하는 이유는 필자가 한국농식품6차산업협회장이라서가 아니라 이미 시중에 6차산업을 권유하는 책들이 많이 나와 있다.

유상오가 펴낸 생산에 가공, 유통, 관광까지 더한 성공 귀촌의 모든 것 "귀농·귀촌 6차산업으로 성공하기"와 필자가 2019년 펴낸 『농업이 미래다-6차산업과 한국경제』에도 6차산업을 시작하기 위한 자세한 설명과 함께 성공사례를 유형별로 분석 소개하고 있다. 또한, 이 책은 2019년 학술부문 문광부 세종도서로 선정되기도 했다.

그 외 6차산업 초창기였던 2014년 출간된 현의송의 『6차산업을 디자인하라.』 등을 권해드린다.

다음은 6차산업과 관련한 정부의 육성지원 정책에 대해 알아보자.

박근혜 정부 핵심 농정이 농업 6차 산업화였다. 초대 이동필 농림장관이 한국농촌경제연구원장 재임 시 우리 농업의 살길은 6차산업의 도입이라고 평소에 주장해 왔다.

농촌융복합산업육성 및 지원에 관한 법률 제1조 목적은 "이 법은 농촌융복합산업육성 및 지원에 관하여 필요한 사항을 정함으로써 농업의 고부가가치를 위한 기반을 마련하고 농업, 농촌의 발전, 농촌경제 활성화를 도모하여 농업인과 농촌 주민의 소득증대 및 국민경제 발전에 이바지함을 목적으로 한다."라고 되어 있다.

6차산업의 기본 이념은 제 3조 '농업 6차산업화의 기본 이념'으로서 아래 4가지이다.

- 농촌융복합산업 육성에 의한 농가의 소득증대
- 농촌융복합산업 육성에 의한 농촌경제의 활성화
- 농촌 지역 내·외의 상생협력과 건전한 농촌융복합산업 생태계 조성
- 농촌 지역의 지역사회 공동체 유지, 강화

이 법의 주요 골자는 6차산업육성 및 지원에 관한 계획 수립과 시행, 6차산업인증사업, 6차산업 기반조성 지원, 6차산업지구 지정 및 육성 등으로 구성되었다. 6차산업 육성과 지원 정책의 핵심이 되는 제도가 '6차산업 사업자 인증제' 이다.

6차산업인증사업자가 되기 위한 조건과 인증 절차는 다음과 같다.

사업자의 자격요건과 형태는 농업인 농업법인 농업 관련 생산

자 단체 소상공인 사회적 기업 협동조합 중소기업 1인 창조기업 등이다. 지역은 농어촌 지역을 주 기반으로 한다.

6차산업 인증제 유형은
- 해당 지역에서 자가 생산 또는 계약재배를 통하여 생산되는 농산물을 주원료로 사용하여 식품 또는 가공품을 제조하는 산업
- 해당 지역에서 생산된 농산물이나 1의 산업에서 생산된 식품 또는 가공품을 직접 소비자에게 직접 판매하는 산업
- 농촌 지역의 유·무형 자원을 활용하여 체험 관광, 외식 등 서비스업을 제공하는 산업
- 1~3중 둘 이상이 혼합된 산업이면 인증이 가능하다.

인증심사를 받기 위한 절차는 소정 양식의 신청서를 작성하여 전국의 10개 6차산업지원센터 중 관할 지역 내 센터에 제출하며, 사업계획서도 함께 준비해야 한다. 인증심사는 관할 지역센터에서 하며, 인증자 확정 및 인증서 교부는 농림축산식품부에서 한다.

인증사업자 유효기간은 3년이며, 재심사해 연장할 수 있다. 2019년 현재 전국의 6차산업인증사업자는 1,700여 개에 이르며 인증사업자 순위는 전북 전남 경북 순으로 인증사업자가 분포되어 있다. 6차산업육성을 위한 지원은 컨설팅, 교육, 판로지원이 대표적인 지원제도이다. 6차산업인증사업자임을 활용한 폭넓은 홍

보 및 마케팅 확대가 가능하다. 아울러 지자체에서 실시하는 각종 지역 농산물 특화와 판로 개척을 위한 다양한 사업에 참여할 다양한 기회를 얻을 수 있다.

6차산업과 관련한 추가 정보는 www.6차산업.com 에서 도움을 받기 바란다.

6차산업 유형과 성공사례를 살펴보자.

먼저 6차산업에 성공하려면 농업에 대한 단편적인 지식뿐만 아니라 2~3차산업에 대한 이해와 농업인에서 경영인으로의 자질과 전문성을 갖춰야 한다.

아울러 소비자 트렌드를 이해할 수 있는 안목과 식견이 필요하다.

특히 판로가 가장 큰 애로인 만큼 농사꾼에서 장사꾼으로 변신하지 않으면 경쟁에서의 생존이 쉽지 않다. 대인관계는 물론 섭외와 마케팅 전략을 통한 영업맨으로도 무장해야 한다.

6차산업 유형은 크게 3가지 형태로 분류된다.

- 1차산업 유형: 농어업재배 및 생산 중심
- 2차산업 유형: 농수산식품 제조 가공 중심
- 3차산업 유형: 유통 판매 관광 체험 외식 등 서비스형으로 분류되지만, 실질적으로는 1~3차 중 하나를 집중 전문화한 가운데 다른 영역으로 융복합된 유형이 많은 편이다.

이 책에서는 귀농·귀촌에 대한 지침과 안내를 중심으로 다루기 때문에 6차산업 유형별 성공사례는 제외키로 한다. 꼭 참고로 하실 귀농·귀촌인이나 독자 여러분께서는 제가 펴낸 『농업이 미래다–6차산업과 한국경제(2019)』에 PART 5 '국내 6차산업화 유형별 성공사례 소개 및 탐구'를 참고하기 바란다. 영덕 유기농 사과, 안동 마 캐는 젊은 농부, 광양 산야초농장, 논산 전통장류, 제주 아침미소목장, 문경 오미자 김, 양양 힐링캠프 달래촌, 곡성 미실란 친환경 쌀, 안동 탁촌장에 대한 현장감 넘치는 생생한 이야기가 있으며 유형별로 분석을 통한 성공사례를 소개하고 있다.

적게는 5년, 길게는 15년 동안 쌓아온 각기 다른 길을 걸어오면서 작은 신화를 창조한 앞서가는 농업경영인의 발자취를 압축, 체험할 수 있을 것이다.

제5장

손수 땀 흘린 대가로 찾은 행복

아홉분의 귀농·귀촌. 귀향 사례 소개에 앞서

이 책에 소개되는 귀농 귀촌 귀향 사례는 필자가 현장을 방문하여 주인공과 직접 인터뷰한 내용임을 밝힌다. 작고한 분은 예외이다. 인터뷰 내용을 토대로 가급적 사실 그대로 전달하려 했으나, 일부 표현 내용은 필자의 주관적인 견해를 피력하였음을 알려 드린다. 귀농·귀촌을 희망하는 분들의 도움을 드리고자 다양한 귀농 귀촌 사례를 모아보았으며, 지역도 고려했다.

아이를 낳고 길러 보지 않은 사람은 산모의 고통과 어머니의 마음을 헤아릴 수 없다고 한다. 예를 들기 좀 그렇지만 박근혜 전 대통령을 두고 결혼도 자식도 가정을 꾸려 보지 못한 무경험으로 과연 한 나라를 온전히 통치할 수 있을까? 우려하는 목소리가 없지 않았다. 손수라는 의미는 본인이 직접 경험으로 터득하는 것을 의미하며, 남이 짓거나 잡은 농수산물을 구입해 먹는 것과는 확연히 구별된다. 손수 키운 농산물은 그래서 자식과도 비교하기도 한다. 정성과 사랑 노심초사한 애착이 고스란히 담겨 있기 때문이다.

시골텃밭에서 손수 키운 농산물의 가치는 시중 가격으로 평가할 수 없는 이유다. 옥수수 10개 정도면 약 3,000원, 고구마 소포장이면 2~3만 원 정도면 살 수 있는 가격이다. 옥수수와 고구마를 손수 키워 얻기까지는 시골에 5~10번은 가야 한다. 왕복 주유비와 소요되는 시간 등을 감안하면 최소 시중가의 10배 이상 가격이 될 수밖에 없지만 손수 키우는 재미는 경험해 보지 않고서는 말할 수 없다. 성경 시편에 "눈물을 흘리며 씨를 뿌리는 자는 기쁨으로 그 단을 거두리로다." 손수 땀 흘리며 고된 농사일을 하는 농부의 심경을 눈물로까지 절절히 표현하고 있다. 심지어 "일하기 싫어하거든 먹지도 말게 하라"고 까지 단호하다. 무노동 무임금의 의미로 근로의 제공 없이는 그 임금도 청구할 수 없다는 것과 같다.

중국 당나라의 백장 회해선사가 90세가 넘도록 실천한 강령도 하루 일하지 않으면 그날은 먹지 않는다.(一日不作一日不食) 제자들이 노구에 일하는 스승의 모습이 안타까워 하루는 농사일을 하는 연장을 숨겨 버려 일을 못 하게 된 선사는 그날 식음을 전폐했다는 일화가 있다. 도시나 농산어촌이나 땀 흘리지 않고 그냥 얻어지는 그 어떤 열매도 없으며, 불로소득은 존재하지 않는다. 손수 일해야만 하는 농사일은 더욱 그렇다. 여기 소개하는 손수 땀 흘려 좌충우돌하여 얻은 다양한 성공사례에서 귀농 귀촌 결단의 동기가 되길 바란다. 더 늦기 전에 아직도 망설이고 있는 귀농 귀촌의 꿈을 현실로 더욱 가까이 가져가기를 기대하며, 귀농 귀촌을 통해 농촌이 새롭고 행복한 삶의 터전이 되길 소망해 본다.

소개되는 내용은 다양한 유형의 모두 9가지 귀농 귀촌 귀향 사례를 담았다.

사례1

농업경제학교수가 친환경농장 농부가 된 까닭은?

▲강원도 양양 로뎀농원 윤석원 중앙대 명예교수

윤 교수는 2015년 12월 정년을 3년 남겨둔 시점에 교수직을 조기은퇴하고 이듬해 봄부터 고향인 강원도 양양으로 귀농해 친환경농업을 시작했다.

중도개혁성향의 농업경제학자로 30여 년 명성을 누렸다. 필자가 알기로는 농림장관 후보 1순위에 오르기까지 한 인물이다.

1988년 美 미시시피주립대 농업경제학박사 취득, 대통령직속 농업농촌대책위원회 1분과 위원장, 2005년 농업 공로를 인정받아 국민훈장동백장을 수여했다. 대학 강단에서 가르침, 연구, 농정 비판과 대안을 제시하던 학자가 왜 농사꾼이 되기를 결단했을까? 농민을 상대로 기생충 같은 안위만을 위해 살아온 삶을 후회하며 변화지 않는 우리 농업을 보면서 자괴감마저 들었다고 했다. 은퇴 즈음 평소 윤 교수가 역점을 두었던 쌀과 식량 주제의 칼럼집을 모아 『쌀은 주권이다.』를 은퇴 기념으로 출간했다. 우리나라 쌀 농정과 문제에 정통한 '쌀 박사'이기도 하다.

윤교수는 연어가 태어난 고향하천으로 회귀하듯 귀농이라기보다는 학자로서 낙향이 더 잘 어울린다. 친환경농업을 위한 '양양로뎀농원'이란 과수원 이름을 걸고 농사를 시작했다. 6평짜리 농막을 짓고 처음 시작한 작목은 알프스오토메(꼬마사과)로 3년 만에 200여평에서 500kg을 수확, 200만을 벌었다고 했지만 다음해는 냉해로 농사를 망치기도 했다. 지금은 노란 황금사과로 불리는 시나노골드와 부사를 재배하고 있다.

필자가 농원을 방문했을 때 한창 여름이라 서울에서 내려올 손녀의 물놀이 준비에 분주했다. 6평 농막에는 아직도 책들이 즐비했으며, 손수 준비한 차에 직접 키운 토마토 등의 과실로 후식을 즐기는 가운데 아직도 농사가 신기한 듯 순진한 아이처럼 자랑을 늘어놓기도 했다.

농원대표는 부인명의로 되어 있고 윤 교수의 직함은 농부다. 처음 귀농하여 1박 2일 귀농귀촌교육을 5회 받았으며, 농지원부도 만들고 농협 조합원으로 가입했다. 현재는 친환경 유기농 인증까지 받았다.

당시 63세 나이로 귀농하니 마을 노인회에 소속되지 않고 청년회에 소속되었다. 농촌의 고령화를 단적으로 보여주고 있는 우리 농업의 현실이다.

필자는 지난 2020년 9월16일 윤석원 명예교수를 "식량 자급률 어떻게 높일 것인가?" 국회토론회장에서 다시 만나는 기회가 있었다. 서삼석 국회의원이 주최하고 농림축산식품부와 한국농정신문이 주관한 행사였다. 윤 교수는 이날 토론회 좌장으로 초청되었다.

과거 교수시절에는 농정의 패러다임과 식량 주권 등을 주장했지만, 직접 농사를 해보니 중·소농의 농산물을 잘 팔아주는 시스템 구축이 가장 중요한 현안이라 말할 정도로 입장이 달라져 있었다. 농촌현장이 답이라는 이야기가 실감 남을 윤 교수를 통해 느낄 수 있었다. 당연히 농정과 농사는 다를 수밖에 없음을 보여주는 실상이다.

농산물 판로를 위한 유통이 시급한 우리 농업의 과제인 것만은 분명하다.

비 농업전문가인 필자가 유통전문가로서 6차산업협회장을 맡고 있는 소임 또한 농산물 판로 개척을 통한 농민들의 농산물 판매를 지원하기 위해서다.

특히 농업경제학 교수농부가 고향에 귀농했음에도 불구하고 농촌현장에서 느끼는 거리감은 높다고 했다. 귀농해 10년이 넘은 정

내가 지은 농막
바다가 보이는 생애 마지막 6평 농막
EBS
그렇게 살다가 은퇴를 하고
내가 지은 농막
바다가 보이는 생애 마지막 6평 농막
EBS
대학에서 농업경제학자로 살아온 남편
Coleman

착인도 귀농인 꼬리가 그대로란 점이다. 이 정도면 이민자에게도 시민권을 줄 만도 하지만 우리의 농촌 민심은 그렇지 못하다. 그만큼 현지 농민과 섞이기가 어렵고 쉽지 않다는 지적이다. 윤 교수는 열린 마음의 상호 포용이 아쉽다고 했다.

또한 최근에는 젊은 층 및 40대의 귀농 귀촌인이 늘어나고 있지만, 농사만으로는 먹고 살 수 없는 현실을 안타깝게 생각했다. 투잡 쓰리잡까지 하며 농사일을 이어가는 귀농 10년차도 있다고 전했다.

치킨집과 농업을 겸업하는 사례까지 있다고 했다. 하루 빨리 귀농인들이 농사만으로 삶을 안정적으로 영위할 수 있는 현실적인 농정이 펼쳐지기를 기대했다.

교수출신 농사꾼은 아직도 우리 농업의 미래를 걱정하며 농사를 직접 경작하면서 현장의 목소리를 언론 매체를 통해 생생히 전파하고 있다. 사뭇 교수시절의 주장과는 많이 달라진 현장 중심의 현실직시형 농정 대안을 제시하고 있다.

윤 교수의 농막이 2020년 12월 EBS '건축탐구 집' 프로에 '윤명예교수의 내가 지은 농막, 바다가 보이는 생애 마지막 6평 농막'으로 소개되기도 했다. 필자가 기억하는 윤 교수는 아파트가 대세인 시대에도 불구하고 오래전부터 분당 너머 언덕의 제법 큰 전원주택에 살았다. 평소 은퇴하면 농촌에 가서 살아야겠다는 생각을 해왔다.

농막이긴 해도 동해 바다가 보이는 자칭 호텔급 농막이라 부른다. 목공 동료들과 힘을 모아 직접 설계하고 지은 농막이다.

남편의 고향인 양양 시골로 귀농한 후 오히려 농부생활과 농막을 가장 좋아하는 사람은 아내와 손녀라고 자랑하며, 윤 교수는 바보 할아버지의 천진난만한 웃음을 보인다.

사례2

명문호텔 셰프 출신이 희귀과채 농장주가 된 사연

▲경북 봉화 워낭소리 해오름농장 최종섭 대표

최종섭 대표 역시 워낭소리 영화의 주인공 최 영감님 아들답게 고집이 세고 고지식한 편이다. 얼마 전까지만 해도 고집을 제어하지 못해 정신적 스트레스로 목 디스크에 시달리기도 했다. 최 대표와 필자와의 인연은 6년 전 6차산업협회 설립초기 회원과 함께 첫 견학코스로 해오름농장을 찾았을 때부터이다. 뭔가 다른 차별화된 경쟁력을 가진 미래 농업 현장을 실제로 체험하기 위해서였다.

그는 대우그룹 故김우중 회장 부인인 정희자 회장이 운영했던 힐튼호텔 레스토랑 주방장 출신인 셰프였다. 화려했던 과거 명문 호텔 레스토랑 주방장의 산뜻한 모습은 찾을 길 없이 흙냄새가 물씬 풍기는 시골 농부로 변해 있었다.

왜! 그는 안정된 직장을 버리고 힘들고 쉽지 않은 농부의 길을 가기로 결단했을까?

독자 여러분이라면 선뜻 결정 할 수 있었을까?

우리는 누구나 삶 가운데 위험을 무릅쓰고 기회라는 희망과 자신이 꿈꾸던 소명과 소망을 위해 결단을 내려야 할 인생의 갈림길에 서게 된다.

안정되고 여유로운 도시의 직장을 버린 것은 호텔 주방장의 명예와 돈을 버린 것이다. 그가 중요하게 여긴 삶의 가치는 명예와 돈보다 누군가는 꼭 해야 할 누구도 보지 못한 희귀과채를 국내에서 재배하는 농장을 일구는 일이 자신에게 주어진 역할이며 소명이라 생각한 것이다.

15년이 지난 지금에야 농장 운영이 안정되고 청와대, 신라, 롯데 호텔은 물론 서울의 유수한 레스토랑에 해오름농장에서 재배한 희귀과채 식재료를 공급하고 있다. 유리온실 농장으로 시작하여 지금은 농장 옆에 조리 실습장과 농가 레스토랑까지 갖추고 있다. 농산물 재배, 음식 조리, 농가레스토랑에서 식사까지 한 장소에서 원스톱으로 즐길 수 있는 공간을 마련하였다.

아무나 좁은 길을 가지 않는 이유는 그 길이 넓은 길보다 험난하기 때문이다. 최 대표라고 예외일 수는 없었다. 국내에 없는 종자 구하기, 재배 실험과 시행착오, 온실의 화재, 건강 악화 등 이러한 어려움에도 불구하고 견디며 인내로 극복할 수 있었던 원동력은 호텔 주방장이 되기까지의 그의 험난한 인생역정이었다. 어린 시절부터 몸이 불편한 아버지를 대신해 동네 품앗이 농사를 책임지고 했으며, 농사는 물론 밥 짓는 일까지 도 맡아 했다. 아마도 주방장이 된 동기도 이때 시골 부뚜막에서 시작되었다고 회고 했다. 정든 고향 시골집을 떠나 도시에서 헤아릴 수 없을 정도의 이런 저런 일들을 전전하면서 결국 선택한 길이 식당이었다고 한다. 하루 3끼 밥걱정은 하지 않아도 되었기 때문이다.

가난 때문에 극단적인 독약까지 먹었던 하림각 남상해 사장이 쉐라톤워크힐 호텔 중식당 주방장이 되기까지 그의 삶이 치열하고 험난했던 것처럼 최 대표의 삶도 그와 못지않게 힘들었다. 이들 두 사람의 특징은 악전고투 끝에 명실공히 당당한 실력으로 공채로 입사했다는 점이다. 꾸준한 노력과 정성은 물방울이 바위를 뚫는 것과 같으며, 햇볕을 한곳으로 모으면 종이를 태울 수 있는 것과 같다.

최 대표는 원래 어릴 때부터 아버지를 도운 농부였으며, 주방장은 도시로 나가 살기 위해 선택한 직업이었다. 희귀과채 농장주가 될 수 있었던 기본과 뿌리는 어릴 때이긴 했지만 역시 흙냄새와 농사일을 해본 농부 경험이 있었기 때문이다. 여기서 우리는 귀농이나 귀향을 하려면 기초 실력과 경험, 그리고 명확한 목표와 소명이 분명해야 한다는 점을 알 수 있다.

그는 이제 농사와 농산물 납품처도 비교적 안정되었다. 농사일을 하면서도 평소에 꿈꾸던 멋진 직영 레스토랑도 서울 마곡동에서 성업, 옆 점포를 확장할 정도로 젊은이들에게 핫한 음식점으로도 인기가 높다. 필자가 보기에도 레스토랑이 잘될 수밖에 없는 이유가 분명하다. 사람이나 사업장을 불문하고 남다른 매력이 있어야 한다. 첫째, 유명 호텔 수준 이상의 품질과 맛이다. 둘째, 호텔 레스토랑 가격대비 부담 없는 착한 가격이다. 셋째, 주방장이 직접 재배한 신선한 희귀과채를 직송한다. 넷째, 젊은이들의 취향에 맞는 분위기 있는 인테리어 등이 매력이다. 이러다 보니 예약을 하지 않으면 최 대표의 요리를 맛볼 수 없을 정도다. 최근 필자와 더 큰 교외형 외식타운 프로젝트 구상을 위해 찾아 갔을때만 해도 앉을 자리가 없어 바깥 벤치에서 나 홀로 먹을 수밖에 없었다.

최 대표를 통해 얻을 수 있는 귀농과 귀향 성공 요소는 꼭 자신이 하고 싶은 일을 해야 성공할 수 있다는 점과 목표 달성을 위해 어떤 어려움과 난관도 문제가 되지 않는 불굴의 의지가 오히려 힘이 된다는 사실을 확인할 수 있었다. 그가 꿈꾸는 더 큰 꿈과 이상은 다양하고 신선한 식재료 공급, 몸에 유익한 안전한 먹을거리, 쉽

게 먹어보지 못한 고급 음식 제공을 통한 대중화이다.

귀한 농산물과 좋은 음식을 통한 국민의 안전한 먹을거리와 미래 지향적인 식문화를 선도하고자 하는 그가 추구하는 삶이 성취되기를 기대해 본다.

필자는 지금도 산골 오지 봉화마을에서 "농약을 먹은 풀을 먹으면 소가 새끼를 가질 수 없다."며 친환경 유기농 농사만을 고집했던 워낭소리 영화 최원균 영감의 우직한 모습과 돌아가신 어머니를 떠올려 본다. 그의 셋째 아들인 최 대표의 삶과 앞으로 그가 펼쳐갈 세상을 그려 보게 된다. 이제는 아련한 추억이 된 워낭소리 영화가 상영된 지 12년 세월이 흘렀다. 그 해가 소띠 해였고 올해 다시 소띠 해를 맞았다. 워낭소리공원이 조성된 인근에 최 영감과 이삼순 할머니의 묘가 나란히 있다. 그 아래에 누렁이 소 무덤이 함께 있

해오름
체험장

MAGOK TABLE

다. 소의 수명이 15년 정도지만 최 영감이 그렇게 사랑한 누렁이는 무려 40년을 살았다. 영화 속의 주인공 가족묘가 조성된 셈이다. 최영감과 소의 이야기에서 보듯 농사일은 고달픈 일이다. 좋은 공기나 마시고 아름다운 자연만을 생각하며 귀농 귀촌을 꿈꾸는 일이 없길 바란다. 우리가 누릴 수 있는 자연이 주는 혜택과 행복은 결코 공짜로 얻을 수 없다는 사실을 최 대표를 통해 명심해야 할 것이다. 올 12월에는 봉화해오름 농장을 일행과 함께 찾았다. 그동안 많이 확장되고 변모한 모습을 보면서 숨겨 진 최대표의 땀과 열정을 다시 한 번 확인 할 수 있었다.

이날 현장에서 느낀 생각은 "모든 일은 가능하다고 생각하는 사람만이 해낼 수 있다."라고 한 故 정주영 회장의 어록이 마음에 와 닿았다.

콩으로 노벨상에 도전한 우리 콩 아줌마

▲우리 콩을 지키는 독립군 함정희 대표

오직 우리 콩을 지키기 위해 40여 년 동안 여자의 일생을 바치고 있는 맹렬여성 함정희 대표는 누가 봐도 콩을 닮은 얼굴을 가진 여인이다. 한국인의 밥상 10년 단골, 최불암 씨가 한우 모델을 하는 이유도 그의 웃음과 얼굴 모습이 소를 닮았기 때문이다.

독자 여러분의 얼굴은 어떤 모습인가? 농부의 모습이 아니라면 지금부터라도 농부의 모습이 되기 위해 노력해 보기 바란다. 농산어촌에서 융화하려면 우선 얼굴 모습부터 안동 하회탈 모양으로 바꾸는 노력을 해야 한다.

앞서 소개한 봉화 워낭소리 영화 주인공 최 영감님을 닮아야 진정한 농부가 될 수 있다고 여긴다.

필자와 우리 콩 아줌마 함정희 대표와의 첫 인연은 옥션 창업자 이금룡 회장이 운영하는 조찬 포럼에서였다. 이날 강연자로 초대되어 우리 콩에 일생을 바치게 된 사연과 우리 콩으로 2019년 우리나라 노벨상 후보로 선정된 이야기에 이르기까지 콩과 함께 살아온 여자의 쉽지 않은 삶을 생생하게 들려주었다. 함 대표는 어릴 적부터 콩과 두부를 무척이나 좋아했다. 그러나 보니 귀농 귀촌이 아닌 전주에서 두부공장을 하는 집안에 시집까지 가게 되었다. 남편은 부모가 경영하던 두부공장을 가업 승계하여 부모 때와는 다르게 사업을 확장해 나갔다. 남편은 공직생활을 한 덕분에 전주시 일원에 두부를 사용하는 많은 거래처를 확보할 수 있었다.

이즈음 함 대표의 생각은 남편과 전혀 달랐다. 두부를 만드는 콩이 문제가 되었다. 두부를 전량 수입 콩으로 제조했기 때문이다. 국산 콩 사용문제는 남편과 생각이 도저히 일치될 수 없는 상황이었다. 단체 급식 등 두부를 많이 사용하는 거래처에서는 국산 콩이나 수입 콩을 불문하고 낮은 가격에 납품하기를 원하고 있기 때문이다. 국산 콩으로 제조한 두부 가격으로는 납품가를 맞출 수가 없다. 현재 시중에서 국산 콩으로 만든 두부는 한 모에 대략 4,000원~5,000원 정도며, 수입 콩 두부는 2,000원 선이다. 국산 콩 두부를 주장하는 아내와 수입 콩 두부로 사업에 재미를 보고 있는 남편 입장에서는 도저히 양보나 물러설 수 없는 갈등 조짐으로 두부공장 사활의 문제가 되었다.

국산 콩과 수입 콩에 대한 이해를 돕기 위해 필자가 경험한 콩과 두부이야기를 소개한다. 박사학위 논문을 쓰기 위해 친환경 농산물 조사 대상 표본을 우리 콩으로 만든 두부와 수입 콩 두부의 소비자 선호도 및 판매비율을 우리나라 3대 백화점을 대상으로 조사를 실시해 보았다. 결과는 3:7로 나타났다. 우리 콩으로 만든 두부가 수입 콩 두부에 비해 믿을 수 있지만 가격 부담으로 수입 콩 두부를 10명 중 7명이 선택할 수밖에 없다는 결과다. 이는 소득이 높은 백화점 이용 고객의 결과로 서민층은 아마 수입 콩 두부 비율이 높을 것은 뻔하다. 가족의 건강을 염려하는 소비자가 이 정도면 이윤을 목적으로 하는 업소는 두말할 필요 없이 수입 콩 두부를 사용할 수밖에 없다.

이 땅의 우리 콩을 지키려는 아내와 두부공장 사업성을 주장하는 남편과의 양단 간 결정을 해야만 했다. 함대표는 여자의 일생을 걸고 이혼 카드를 남편에게 내밀었다. 또 하나의 카드로 남편이 가장 애지중지하는 늦둥이 아들 양육권을 주장했다. 우리콩과 수입 콩을 놓고 부부는 물론 가정이 파탄 지경에 이르렀다. 당시 남편은 수입 콩 사용업체 모임 회장을 맡고 있을 정도로 수입 콩을 많이 사용하는 업체로 업계 지명도는 물론 사회적 지위까지 얻고 있었다.

옛말에 자식 이기는 부모 없고, 마누라 이기는 남편 없듯이 가정의 평화를 위해 결국 남편이 아내의 뜻에 따라 양보하는 것으로 결론이 내려지게 되었다.

독자 여러분께서는 우리 콩 하나가 뭐 그리 대단하냐고 하겠지만 우리 종자를 보존하고 지키는 것은 나라를 지키는 것과 같으며, 국민의 생명을 보호하는 것과 같다.

우리가 가정에서 사용하는 식용유는 물론 치킨점에서 사용하는 튀김용 기름인 대두유는 수입 콩에 대략 90% 의존하고 있다. 즉 우나나라 콩 자급률은 대략 10% 안팎이라는 점이다. 심지어 밀(밀가루) 수입률은 95%를 넘는다. 우리가 먹는 부침인 전과 칼국수 등에 사용되는 밀가루와 식용유는 우리밀과 우리 콩으로 대두유를 만들지 못하고 대기업에서 수입 원료를 사용해 식품가공을 하고 있는 셈이다.

농산물 자급률을 떠나 국민의 건강, 토양, 종자를 지키는 일은 까마득하다. 특히 검증이 불명확한 수입 농산물에 대한 GMO (Genetically Modified Organism : 유전자 변형 농산물)표시도 시급한 문제다.

마늘
청국장
마늘
청국장

함 대표가 운영해온 우리 콩 맛집으로 사랑을 받았던 전주한옥마을 내 '함씨네 밥상'은 전주시 한옥마을 음식점 임대사업자 공개입찰로 입점 3여 년간 인기리에 운영해 왔다. 지금은 전주시의 계획에 의해 2019년에 문을 닫아 아쉽게 되었다. 우리 콩을 지키는 독립운동가 심정으로 건강한 밥상 혁명을 선도해 왔다. 특히 히포크라테스 선서를 식당에 내걸고 국민의 건강을 지키려는 일념하나로 우리 콩과 건강한 식품에 40여 년간 애써왔다. 함 대표는 '우리 콩을 지키자. 유전자 조작이 제일 나쁘다'라고 주장하고 있다. 주로 생산되는 제품은 우리 콩 두부를 중심으로 청국장, 마늘청국장환 등이다. 마늘청국장환 개발 업적으로 대통령상을 수상했으며, 2019

년 노벨상에 도전하기도 했다. 농림부 콩가공식품부문 신지식인으로 인증 받았다.

필자가 함 대표 근황을 알아보기 위해 전화로 소통해 보았다. 애착을 가졌던 식당을 접어 섭섭하지 않느냐는 위로에 오히려 코로나 국면에 하늘에서 도왔다는 긍정적인 마인드에 다시 한 번 놀랐다.

함 대표가 평소 주장하는 콩의 꽃말이 생각난다.

우리 콩은 '꼭 오고야 말 행복'이라는 의미를 되새겨 본다.

귀농이든 농식품가공사업이든 이혼을 불사하고 이룰 가치가 있어야 한다는 점이다. 그리고 어떠한 시련이 와도 포기하지 않는 희망과 긍정의 마인드가 가장 큰 자산이라는 점을 함 대표를 통해 다시금 알게 되었다.

함 대표를 통해 우리 콩과 같은 토종종자는 우리 스스로 지키는 것이며, 수입농산물을 쉽게 수입만 해서는 안 된다는 강한 울림이 다가 온다.

사례4

문화 콘텐츠계의 대부 안동 군자마을에 정착하다

▲고택 양정당에 자리 잡은 상상창조공간 김준한 원장

김준한 원장이 귀향하여 터를 잡은 안동 군자마을은 김 원장의 고향마을이다.

현역에서 은퇴하면서 본격적으로 귀향을 결정, 고향 마을 정착 생활을 통해 자연인이 되었다. 안동시 와룡면 오천리에 자리한 군자(君子)마을은 600여 년의 역사를 가진 마을이다. 고려 말에서 대한제국에 이르기까지 문화유산을 고스란히 간직하고 있는 유서 깊은 전통 한옥마을이기도 하다. 광산김씨 일가가 20대에 걸쳐 살고 있다. 군자마을의 뿌리는 1974년 안동댐 건설로 수몰위기에 처한 낙동강 기슭의 외내 마을의 옛 모습 원형을 그대로 문화재로 보존, 지금의 모습으로 재현한 마을이다. 군자마을로 다시 태어나게 된 동기는 외내 마을에는 군자 아닌 사람이 없다 하여 붙여진 이름이다. 2007년부터 마을을 일반인에게 개방하여 한옥스테이를 운영 중이다. 안동은 널리 알려진 이름난 서원과 종택이 많은 지방이다. 유교문화와 양반과 선비가 조화롭게 이룬 우리 고유의 전통문화를 잘 간직하고 있다. 영국 여왕이 안동 하회마을을 찾은 이유도 한국을 대표하는 가장 한국다운 모습을 고스란히 잘 지니고 있는 곳이 안동이기 때문이다.

필자도 본이 안동이라 전통성과 보수성 자존심이 유독 강한 도시임을 피부로 느끼고 있다. 그렇지만 지금은 안동도 시대의 흐름에 따라 김준한 원장의 뜻한바대로 창조적 파괴를 받아들이고 있다. 김 원장이 문화콘텐츠계의 대부인 점은 그의 프로필에서 알 수 있다. EBS에서 30여 년간 몸을 담았다. 한국문화콘텐츠진흥원 본부장 퇴임과 때를 같이해 경북문화콘텐츠진흥원 초대 원장으로 취임하면서 고향인 안동으로 낙향하게 된다. 1~2대 6년간 연임을 끝으로 자연인으로 돌아왔다. 재임 중 가장 큰 업적은 아동문학의 거장 권정생 선생의 엄마까투리 TV시리즈와 캐릭터를 개발한 것이다. 그는 애니메이션과 캐릭터부분 대부다운 면모를

과시, 역작을 탄생시켜 고향에 큰 선물을 안겨 주었다.

지금은 군자마을의 고택 양정당을 보수해 콘텐츠계의 사랑방 역할을 하는 '상상창조공간' 원장으로 지역기반문화콘텐츠 개발과 역발상 주제의 강연 등을 하고 있다. 고향에 진 빚을 갚는다는 마음으로 재능기부 활동도 열심히 하고 있다. 문화크리에이터로서 안동이 지닌 무한한 자원의 보존과 더불어 새롭게 선보이는 문화적 가치 발굴과 개발 활동에 남은 여생을 바칠 계획이다.

김 원장이 가장 행복하게 느끼는 순간은 안동호에 최근에 1,000여 마리의 원앙새들이 새로운 보금자리를 찾아 강변 물가에서 노는 모습을 보는 것이라고 말한다. 자신이 자연의 일부가 되어 그들과 호흡하는 느낌을 가질 수 있기 때문이라 했다. 지상낙원의 모습과 안빈낙도의 삶이 바로 이런 것임을 실감하게 된다.

필자도 주말에 농가 주택을 찾을 때면 집과 그리 멀지 않으며 생태계가 잘 보존된 원시적인 매력에 끌려 영월 동강을 강아지와 함께 찾곤 했었다. 그때 강가에서 어미와 함께 노니는 원앙새 가족을 간혹 볼 때면 그 감동에 넋을 잃고 강가를 쉽사리 떠나지 못한 추억이 있다.

인간에게 자연이 주는 혜택과 선물은 결코 그저 얻어지는 것은 하나도 없다. 현재는 호수형 생태계로 잘 이뤄진 안동호는 안동댐이 건설되면서 인공적으로 조성되었다. 반면 동강은 댐 건설을 반대한 자연보호 환경단체 등이 댐 건설 지역의 땅을 사들여 댐 건설

계획을 원천 봉쇄했다. 정선과 영월의 생명 젖줄인 동강은 옛 모습 그대로 강원도 산허리를 굽이굽이 돌아 떼돈 번다는 유래가된 옛 뗏목의 화려했던 추억을 실고 아직도 도도히 흐르고 있다. 동강은 남한강과 북한강을 만나 한강이 되어 수도 서울의 기적을 낳는 원천수가 되었다.

김 원장 처럼 나이 들어 고향으로 돌아가 농사는 짓지 못할 지라도 텃밭이나 일구면서 도시생활에서 배우고 익힌 주 특기를 고향을 위해 기여할 수 있다는 것은 노후에 행복한 삶이 아닐 수 없다. 태어나 어릴 때 자란 고향을 위해 봉사할 수 있는 재능은 귀향 밑천이 되기에 충분하다. 뭐니 뭐니 해도 나이 들어 고향으로 갈 수 있다는 행복과 고향을 위해 무언가 역할을 하면서 일한다는 존재감이 가장 큰 보람이라 여긴다.

필자가 김 원장이 정착한 군자마을을 찾았던 그때의 감동이 지금도 생생하다. 고즈넉한 한옥 툇마루에 앉아 안주인이 정성스럽게 차려 내어온 전통다과와 싱그러운 수박, 시원한 화채의 맛을 지금도 잊을 수가 없다. 주렁주렁 탐스럽게 열린 조랑박이며, 갖가지 야생화에서 풍기는 꽃향기는 도시에서는 느낄 수 없는 순박한 시골처녀의 향기와도 같았다.

눈 내리는 긴긴 겨울밤이면 가마솥 아궁이에서 구워낸 구수한 군고구마를 호호 불어 나눠 먹던 사랑방에서의 운치가 그립다.

김 원장이 낙향하여 생활하는 모습은 누구나 꿈꾸는 은퇴자의 자화상이다. 필자가 꿈꾸는 이상적 모델이라 한없이 부럽기까지 한다. 더욱이 김 원장님의 삶의 가치철학과 문화 크리에이터로서의 그의 행보가 더욱 존경스럽다.

이제 안동은 김 원장이 꿈꾸는 새로운 도시로 탈바꿈하고 있다. 청량리에서 안동을 경유, 해운대까지 신형 고속열차인 KTX 이음이 22년 말이면 개통 예정이다. 중앙선 전철사업도 마무리되어 청량리에서 안동까지 4시간 걸리던 시간이 2시간으로 대폭 단축되는 시대를 열었다.

나이가 들어감에도 불구하고 자신의 꿈을 현실로 실현하는 인물은 열정을 가진 자의 것이 될 수밖에 없다. 꿈은 이상이고 실천은 이상을 실현하는 통로이기 때문이다. 나이 들어 갈수록 건강이 가장 소중한 재산임을 깨닫고 틈만 나면 건강을 유지하기 위해 두 내외가 함께 산책 등을 즐기는 아름다운 모습이 대중가요의 가사처럼 늙어가는 것이 아니라 익어가는 모습임을 실감하게 된다.

우리의 삶은 젊었을 때나 잘 나갈 때 어떻게 살았느냐가 중요한 것이 아니라 현재의 모습이 가장 아름답고 스스로 자랑스러워야 한다.

안동참마랑 생강이랑

사례5

인생 2막 꽃차 이야기로 향기를 온 세상에

▲영주 소백산 자락 여시꽃차 이연희 대표

소백산 꽃차 이야기 '이연희' 대표와 필자와의 인연은 6차산업화가 본격적으로 시작할 무렵 6차산업 현장지도로 인연을 맺었다.

소백산 꽃차이야기가 자리 잡은 곳은 영주시 안정면 저술마을이다. 마을 한가운데 아름드리 느티나무가 우뚝 서서 마을을 지키고 있다. 꽃차 이야기가 자리잡은 곳은 지반이 약간 높은 2,000여평의 부지로 식용꽃차 농장, 꽃차 가공장, 꽃차 교육 및 체험장과 더불어 농가전원주택을 함께 갖추고 있다. 분위기가 아늑하고 평화로와 귀농 귀촌인이면 누구나 꿈꾸는 아름답고 목가적인 전원풍경이다. 정원에 설치된 정겨운 빨간 우체통은 당장이라도 집배원이 기쁜 소식을 들고 달려올 것만 같은 옛날 향수를 자아내게 한다.

이대표는 서울 토박이 아줌마다.

2011년 남편의 고향인 영주에 귀촌하게 되었다. 귀촌 동기는 연로하신 시부모님을 부양하기 위해서였다. 그녀의 꿈은 시부모님과 좋은 농촌 자연 환경 속에서 텃밭이나 일구며 오순도순 살고자 했다. 문제는 무턱대고 2,000여 평의 다소 넓은 농지를 구입하다 보니 그 땅을 그냥 놀릴 수는 없어 농사를 시작하게 된 셈이다. 서울 아줌마인 터라 농사는 전혀 해본 적이 없었다. 지금의 꽃차이야기가 사업모델로 정착하기까지 수많은 작물의 재배를 통해 시행착오를 거듭했다. 수박하우스 재배로 출하시기를 놓쳐 첫 농사에 실패했다. 단호박 역시 가격이 신통치 않아 접었다. 빈번이 농사에 실패를 거듭하던 중 도시생활을 할 때 자신이 좋아하고 즐기던 취미로 눈을 돌리게 되었다. 꽃 기르는 것과 꽃차 만들기였다. 취미가 점차 발전, 식용꽃차 농사, 꽃차 가공, 꽃차 체험 및 교육, 지인에게 판로를 확대하면서 SNS 직거래와 함께 카페나 찻집 등에 점차 판매 거래처를 개척해 나갔다. 이렇게 좌충우돌 해 오면서 얻은 시행착오와 경험들로 지금의 꽃차 이야기 사업이 시작되어 오늘에 이른 셈이다. 여성이 가진 자신의 취미가 귀촌 후 평생 직업이 된 사례다. 대도시에서 농촌에 처음에는 귀촌했지만 지금은 6차산업 사업모델을 통한 농촌여성 창업 수익 창출 사업화에 성공한 귀농 사례가 되었다.

자신은 물론 본인이 하고자 하는 사업을 주변에 널리 알리기 위해서는 특별한 계기인 모멘텀이 마련되어야 한다.

2016년 11월 소백산 꽃차이야기 개소식을 개최하면서 작은 음악회로 본격적인 사업의 시작을 알렸다. 이즈음 경상북도에서는 손맛과 솜씨, 전통 향토음식, 농산물 가공 등에 기술 노하우와 능력을 겸비한 여성 농업인에게 역점 지원하는 '농촌여성가공지원사업'에 선정되었다. 이러다 보니 개소식 행사에 120여 명의 관심 있는 사람이 모이게 되었다. 시장, 도·시의원 농업관계자, 여성 농업인 등 다양했다. 특히 꽃차사업은 커피나 다른 국산 차류에 비해 다소 생소하거나 대중성이 낮아 꽃차에 대한 저변확대가 시급한 현실이었다. 우리꽃연구회를 결성하여 영주시농업기술센터 지원으로 꽃차 교육을 재능기부로 실시했다. 그 당시 다행히 영주시 인근에는 꽃차가 없어 지역 여성들에게 꽃차에 대한 주목과 관심을 받을 수 있었다.

모멘텀은 아무리 좋은 진주라도 반지나 목걸이를 만들어야만 영롱한 진주 빛의 가치를 알릴 수 있다. 화려한 진열장에서 빛날지 몰라도 아름다운 여성의 목이나 귀와 손에 장식될 때 그 아름다움은 가치를 더하는 것과 같다. 구슬이 서 말이 있을지라도 꿰지 않으면 보배가 될 수 없다는 속담과 같다. 아무리 좋은 생각과 계획을 가졌다 해도 행동으로 실천하는 열정이 없다면 무용지물이다. 문제를 해결하기 위해서는 정면 돌파하려는 강한 의지만이 그 해결책이다. 소백산꽃차이야기에서 만든 제품의 브랜드는 이연희 꽃차로 '여시화'이다. 가공되는 꽃차 제품은 30여 종으로 국화차 맨드라미 장미 아마란스 백합 작약 홍화 오가피순차 돼지감자차 등이며, 발효식초도 만든다. 최근에는 꽃을 브랜딩한 꽃차도 가공하고 있다. 소비자층을 넓혀 가면서 꽃차를 보다 손쉽게 즐길 수 있도록 패키지와 디자인을 지속적으로 연구개발 중이다.

'여시화' 브랜드는 2020년 우수상표·디자인권 전에서 특허청장상을 수상했다. 여시화는 영주의 붉은 여유와 경상도의 예쁜 여성을 지칭하는 모티브에서 아이디어를 얻었다. 여성 영농인만이 가지는 특성을 십분 활용해 기회를 잘 잡은 성과다.

농진청에서 개최한 가공상품비즈니스모델경진대회서 장려상에 입상하여 받은 부상 50만 원을 영주시인재육성장학재단에 기탁까지 하는 선한 마음을 가진 여성 농업경영이기도 하다. 교육부지정 진로체험인증기관으로 학생을 비롯해 원예와 허브 작물에 관심이 많은 농업 후계자들에게 꽃차 사업에 대한 노하우와 창업을 교육시키는 일을 지속해 오고 있다. 꽃차 보급 확대와 사업을 홍보하기 위해 서울에서 개최되는 박람회는 빠지지 않고 참여하는 홍보와 마케팅 활동을 꾸준히 펼치고 있다.

이연희 대표는 꽃보다 아름답지는 못하지만? 그녀가 만든 꽃차는 잘 영글어 깊은 차향이 아름답고 고운 마음으로 우리들에게 전해 온다. 꽃의 향기는 천 리를 가고 사람의 향기는 만 리를 간다는 "화향천리 인향만리(花香千里 人香萬里)"고사성어가 떠오른다.

그녀의 농장을 방문해 인터뷰를 마치면서 마지막 질문을 해 보았다. 도시에서만 살던 여성이 남편과 시골로 귀농·귀촌하면 꼭 짚고 넘어가야 할 점이 무엇인지? 그리고 가장 힘든 일이 뭐냐는 질문을 하였다. 여성이 하는 사업이 호락호락 쉽지는 않은 점이야 다 아는 일이기도 하지만, 가장 중요한 것은 외부의 문제가 아니라 문제는 항상 내부에 존재한다는 점이다. 남편의 동의와 협력 없이는 여성의 귀농 사업과 정착은 너무나 힘들다는 점이다. 남편은 도움을 많이 주는 가장 가까운 동반자임에도 불구하고 가장 힘든 방해꾼이 될 수 있다는 사실이다. 그럼에도 불구하고 필자가 농장을 찾은 그날도 남편은 아무리 억척 여성이라도 연약한 여자가 하기 힘든 농장 일들을 도와주고 있는 모습을 목격했다. 부부가 함께하는 귀농 귀촌은 넓은 의미로 농업을 기반으로 동반창업의 부부 경영인이 되는 것이다. 재능 자질 경력 성격 체력에 따라 각자의 역할이 있기 마련이다. 남편의 도움 없이 2,000여 평의 농지에 집을 짓고 조경을 하고 가공장 등 농장 주변 시설이 이뤄질 수는 없었을 것이다. 우리가 여기서 잊지 말아야 할 점은 서로 다른 견해와 생각을 합리적으로 조정, 갈등을 최소화하여 목표한 뜻을 이루는 것이 가장 중요하

영주꽃차연구원
덖음꽃차교실
꽃차체험농장
녹색농심안심마을
소백산 꽃차 이야기
(소풍농원)
010-3728-1443

다. 남편도 아내도 서로 이기려고 양보 없는 싸움은 시간만 낭비하고 무익한 일이다. 갈등요소를 서로 따지기만 하면 문제는 더 확대되는 만큼, 문제의 해결책을 서로 찾는 길이 더 지혜롭고 현명한 태도이다. 필자 역시 예외일 수는 없다. 타고난 성격은 변화지 않고 평생 간다는 말이 맞을지 모른다. 부부관계나 인간관계에서 변하지 않으면 좋은 관계를 지속적으로 유지할 수 없음을 깨달아야 한다. 특히 우리 남편 들은 노후에 접어들면서 더욱 각별히 유념해야 할 대목이다. 오랜 도시생활을 청산하고 고도와 같은 시골 생활을 함께할 생각을 한다면 평소 자신의 습관과 고집을 버리고 변화하는 모습이 꼭 필요하다.

인터뷰 내내 그녀는 여기까지 온 날들을 회상하며, 아직도 해야 할 일들 앞에 어려운 점은 산재하다고 했다. 그런 가운데 이 대표는 후덕한 미소를 잃지 않고 여유롭게 웃는 모습을 보여 주었다. 그녀가 이제는 꽃보다 아름다워 보이기까지 했다.

봉농원 류지봉 대표의 딸기 이야기

▲거창 웰빙 딸기 농장의 달콤한 부부 사랑

청정 거창에서 웰빙딸기 농장으로 성공한 '봉농원' 6차산업 성공 이야기다.

2013년 대한민국 최고농업기술명인(채소분야)으로 선정된 '류지봉' 대표와 '김이순' 아내가 경영하는 '봉농원, 봉팜푸드, 봉스글램핑'을 소개한다.

필자가 지난해 11월 농림축산식품부 농어촌희망재단 개최 (주)이암허브에서 주관한 2020년 청년창업농육성장학생 창업레벨업아카데미 강연 및 지도, 평가, 심사 과정을 진행하기 위해 1박2일 일정으로 봉농원을 찾았다. 봉농원에서 교육을 실시한 배경은 농촌진흥청에서 지정한 농촌교육농장이기 때문이다.

류지봉 대표는 농부 이미지와 캐릭터가 독특하다. 멋진 모자를 쓴 털보아저씨다. 아내 김이순 씨는 전형적인 현모양처 인상을 풍기는 시골 아줌마 모습이다.

류 대표에게 딸기 농사를 시작한 동기가 궁금해 질문을 해보니 의외로 참 재미난 답변을 했다.

농사시작 초기에는 사과과수원으로 시작했으나, 사과는 무게가 너무 무거워 가볍고 달콤한 딸기로 작물을 대체했다고 한다. 여기서 주목할 것은 딸기가 가볍다는 점은 핑계에 불과하고 딸기는 국내에서 체험 농장으로 가장 인기를 끌고 있으며 농촌체험 농작물 1위가 딸기다. 어린이는 물론 남녀요소 다양한 소비층을 확보하고 있으며, 먹기도 다른 과채보다 용이하고 포장단위도 소포장에 가격도 부담이 없는 편이다. 딸기를 이용한 다양한 가공식품과 요리에도 적합한 과채인 셈이다. 특히 사과에 비해 재배기술 발달로 계절에 관계없이 즐길 수 있는 인기 과채가 되었다. 작목 선택 기준에 참고가 되었으면 한다.

봉농원 딸기 농장은 딸기테마파크를 중심으로 현장실습 교육장, 딸기체험농장을 갖추고 있으며, 얼마 전 새로운 사업에 도전하여

운영 중인 봉스글램핑은 농장과 멀지 않은 곳에 위치하고 있다.

6차산업의 이상적인 모델인 1차산업인 딸기 생산농업, 2차산업인 딸기 식품가공, 3차 유통·서비스산업인 판매, 체험, 숙박까지 갖춘 복합형 6차산업 유형을 고루 갖추고 있다.

딸기 명인 류지봉 대표의 농업에 대한 그의 가치철학은 "흙에 청춘을 걸고, 물에 인생을 걸고, 농업이라는 한 길만을 뚜벅 뚜벅 걸어오고 걸어 갈 농부일 뿐"이다.

어릴 적부터 농부가 꿈이었던 이상을 가지고 딸기를 통해 실패와 끝없는 도전 끝에 딸기의 새 역사를 쓴 봉농원의 성공스토리를 오늘날 일궈냈다.

1박2일 청년농업창업과정 교육을 통해 필자가 느낀 점은 류 대표는 미래 우리나라 농업을 지켜갈 청년 농업인을 무척 사랑한다는 점이다. 그의 딸기 농장에는 인턴을 희망하면 채용하여 딸기재배를 전수시키고 있다. 아내는 어머니의 마음과 정성으로 교육 전과정의 뒷바라지는 물론 농장에서 직접 삼겹살로 팜파티를 열어주었다. 딸

Bong's Glamping
봉농원딸기
농촌교육농장
딸기체험농장
봉농원

기 재배, 식품가공 및 판매에 이어 야외 캠핑과 놀이 숙박을 동시에 할 수 있는 봉스글램핑장을 얼마 전 개업, 성업 중이다. 거창 마리면 율리에 위치한 글램핑장은 거창의 명소 수승대로 가는 길목에 있다. 대구권역에서 1시간 30분이면 접근이 가능한 위치에 자리 잡고 있다. 폐교를 완전 리모델링하여 22개의 다양한 텐트형 룸을 갖추고 있다. 딸기 체험과 교육 등을 하면서 숙박까지 가능한 체험레저형 딸기 농장을 완성한 셈이다.

봉농원이 오늘에 이르기까지 걸어온 길은 농업벤처를 방불케 할 정도로 도전과 열정에 의한 개척정신으로 점철되어 있다.

봉농원의 발자취를 보면 지금은 너무 화려해 보이지만 필자가 느끼기에 땀과 눈물로 얼룩진 류 대표와 부인의 농업인 삶의 역사다.

봉농원은 거창읍 주곡로에 자리잡고 있다.

1997년 사과과수원에서 딸기로 작물을 전환하면서 시작되었다.

이때가 외환위기가 시작될 무렵이다.

우리나라 농업사관학교로 불리는 한국벤처농업대학 최우수학생상 수상, 2009년 거창군 최초 딸기고설재배 도입, 2012년 농림부 신지식농업인선정, 2013년 농진청 대한민국최고농업기술명인선정(채소분야), 2015년 농촌교육장 지정, 농업인 대통령상 수상 등의 화려한 업적과 이력을 보유하고 있다. 그가 체험한 농사경험을 전수하는 체험 실습과 강의에도 많은 시간을 할애하고 있다.

봉농원의 딸기 주요 판매채널은 백화점 직거래, 유명호텔 뷔페 및 디저트카페, 인터넷과 SNS을 통한 직거래를 하고 있다.

필자가 봉농원 류대표 내외분을 현장에서 보고 느낀 소감은 뜻을 세우고 우직하게 앞으로 묵묵히 나가면 사막에서도 깊게만 파면 물이 나오듯이 딸기 하나만으로 한 우물을 깊게 파서 농업에 성공한 사례다.

아무리 다양성의 시대라 하지만 전문성과 집중화가 농업에도 중요하다. 하나를 성공시켜야 관련 분야를 확대해 나갈 수 있다. 딸기농장으로 성공한 기반으로 새로운 숙박 모델인 글램핑 사업에 도전할수 있었다.

농업경영도 일반 경영과 다를 바가 없다. 무얼 할 것인가? 어떻게 할 것인가? 누구와 함께 할 것인가? 소요자금은 얼마가 필요하며 누구의 도움을 받을 것인가? 어떻게 알릴 것이며, 어디다 팔 것인가? 사업의 가치와 미래에 대한 명확한 비전을 통해 사업 업종이 결정되고 그에 따른 수익 비즈니스모델이 확정되고 추진된다.

봉농원의 당초 시작은 사과였지만 딸기로 작목을 바꿔 수익모델이 새로 짜지면서 탄력을 받았으며, 성공 계기가 된 셈이다. 사업업종과 농산물 품종도 시대적 경제 사회 환경에 따라 유망사업과 사양사업으로 분류되는 것처럼 농업분야도 마찬가지다. 유명세를 탄 나주 배는 예전만 못하다 새롭게 개발되는 사과 품종에 밀리고 포도 복숭아 참외 딸기 등에 밀려났으며, 심지어 수입과일까지 겹쳐 사면 초가가 된 꼴이 되었다.

그에 비해 딸기는 논산딸기연구소를 통해 우리나라 품종을 개발해 일본 등 수입 로열티를 없앴다. 국내시장에서 가격경쟁력들을 갖춰 소비자의 인기를 넓혀 갔다. 특히 봄에 생산되던 딸기를 겨울에도 즐길 수 있는 딸기 재배 기술까지 발달하게 되었다. 농업도 모험이 필요로 하는 벤처산업이다. 땅에서 노지로 키우는 딸기만으로 딸기가 오늘날 대중화되고 소비자로부터 인기를 얻었을 수 없었을 것이다. 사업은 끊임없이 노력하는 가운데 실패를 거듭하면서 성공시키려는 의지를 가진 자만이 성취하고 이룰 수 있는 도전의 장이다. 이 글을 쓰면서 간식으로 영하15도의 혹한에도 달콤한 딸기를 즐기고 있다. 옛날에는 상상도 못 할 일이다. 이는 오늘날 모험심을 가진 봉농원 딸기 명장 류 대표 내외가 있었기 때문임을 실감하며 감사드린다.

사례7

3대째 가업승계를 위해 공직을 버린 아들

청년 CEO의 제주아침미소목장 이원신

목장을 시작했던 손자의 할아버지는 가족과 아들을 위해 한평생을 살았다. 그 대를 이어 그의 아버지도 가족과 아들을 위해 한평생 목장에서 45여 년을 아내와 함께 살아왔다. 이제 그 아들이 3대째 목장 가업승계를 위해 경찰공직자의 옷을 벗고 부모 곁으로 돌아와 할아버지와 아버지가 이뤄낸 목장의 카우보이가 되어 3세

경영자로 가업을 승계 중이다. 고향인 제주로 귀향, 아버지의 목장에 정착한 지도 벌써 6년째가 되었다. 나이도 앳된 청년에서 성숙한 나이인 37살이 되었다. 아내와 슬하에 2남1녀를 둔 다복한 가장이기도 하다.

아침미소목장은 제주시 월평동의 넓은 초원에 아기소와 어미젖소가 평화롭게 노니는 자연친화적 목장이다. 멀리 오름을 따라 한라산이 보이는 곳에 자리 잡고 있다. 아침미소목장은 "행복한 젖소를 키웁니다. 올바른 유제품을 만듭니다." 슬로건을 내걸고 있다.

1974년에 설립하여 2008년 낙농체험목장선정과 친환경목장으로 인증 받았다. 1994년 석탑산업훈장 수훈, 2013년 전국 자연치즈 콘테스트 금상수상, 2014년 치즈 요구르트 제조법 기술특허, 2015년 6차산업화 전국대회 은상 수상, 2019년 미국 식약처 FDA시험통과 GOLD HACCP인증, 2020년 부설연구소 개소, 제주를 넘어 육지로 이제는 싱가포르, 홍콩, 두바이, 말레이시아 등 해외 수출로 세계시장으로 판로를 확대하고 있다.

할아버지는 목장을 조성했으며, 아버지는 낙농6차산업화를 통한 경영기반 구축, 가업을 이어받은 아들은 신세대 청년답게 스마트 목장시스템 구축과 글로벌화에 박차를 가하고 있다.

아침미소목장 낙농 가공제품은 한라봉요구르트, 치즈, 우유잼, 요거트, 우유비누 등이다. 젖소 우유 주기, 치즈 만들기 등 목장체

낙농체험 교육목장
아침미소목장
상쾌한 목장, 신나는 경험!
낙농체험
milktour.ilovemilk.or.kr
낙농진흥회 인증 체험목장
Milktour Farm Accredited by Korea Dairy Committee

험프로그램을 운영하고 있다. 품질의 우수성은 1mm당 유산균 3억 마리 요거트를 생산하고 있으며, 친환경원유 95,23%를 함유한 원유만을 사용한다. 이처럼 탁월하고 완벽한 품질 경쟁력을 갖추고 있다. 특히 목장과 카페 등은 사진 찍기 좋은 명소로 알려져 어린이를 동반한 가족, 연인들에게 사랑받고 있는 제주 핫플레이스(Hot Place)로 소문난 곳이다.

아버지인 이성철 회장의 친환경적 경영철학과 어머니 양혜숙 사장 내조의 힘이 오늘의 아침미소목장을 탄생시켰다.

이제 아침미소목장은 3세 경영자인 아들인 이원신 총괄실장에게 이미 버튼이 넘겨졌으며, 가업승계가 가시화되고 있다.

아침미소목장이 기업형 낙농목장으로 도약하게 된 동기는 1995년 전후 농식품6차산업화 인증과 도입을 통해 괄목할 만한 경영성과를 달성하게 된 것이다. 따라서 목장의 경영기반 구축은 이성철 회장의 업적이다. 아버지가 낙농기업의 토대를 마련했다면 과연 가업을 승계한 아들 이원신 총괄실장의 목장에 대한 경영철학과 미래 비전은 무엇일까? 궁금하지 않을 수 없어 인터뷰를 가지게 되었다.

먼저 가업승계를 하게 된 동기를 살펴보았다. 인천에서 경찰 재직 시 육아휴직을 위해 고향이며 집인 제주 목장으로 내려오게 되었다. 자식이면 누구나 다 마찬가지지만 자연히 아버지 목장 일을 도울 수밖에 없었다. 결국 육아휴직 기간이 동기가 되어 선망의 대상인 공직 생활을 청산하고 그는 가족과 함께 지금의 아침미소목장에 정착하게 된 셈이다. 도시생활에 익숙한 아내의 반대는 없었냐는 질문에 기꺼이 남편의 뜻에 동조했다고 한다.

청년 낙농 사업가로 변신한 이원신 총괄실장의 포부와 미래비전을 들어 보았다. 아버지는 가족만을 위해 사업을 해 왔다면 자신은 가족만이 아닌 마을 주민과 더 나아가 기업을 통한 지역경제 활성화에 기여하겠다는 목장 경영철학을 피력했다. 소위 가족경영에서 벗어나 기업의 사회적 공익 가치를 실현하겠다는 의미다. 나 혼자만이 잘사는 기업이 아닌 동네 주민과 더불어 함께 잘사는 마을기업을 통한 공동체를 형성하겠다는 넓은 포부를 가지고 있었다.

그가 목장으로 돌아와 개선된 운영시스템과 새롭게 시도한 사업 내용은? 목장의 체험프로그램 운영방식을 과거 일괄 예약제 운영에서 방문객이 보다 쉽게 이용할 수 있는 자유체험프로그램을 도입했다는 점이다. 여행으로 말하면 패키지여행이 아닌 자유여행을 말한다. 업계에서는 목장체험을 예약제가 아닌 자유제로 어떻게 운영할 수 있느냐고 사실 확인을 위해 제주까지 답사를 오기까지 했다고 한다. 고정관념을 버린 발상의 전환이다. 예약제는 소비자 중심이 아닌 목장 측의 관리자 중심이다. 반면 자유체험프로그램은 소비자 입장을 고려한 소비자 중심의 프로그램이다.

바쁜 제주 여행 일정 중 사정에 따라 예약제 목장체험프로그램은 빠듯한 여행 시간을 많이 허비할 수 있는 불편을 안고 있었다.

또 하나는 제주지역 6차산업인증경영체와 공동으로 목장에서 프리마켓을 개최했다. 지역주민, 관광객, 경영체가 함께 참여하는 커뮤니티 공간인 문화 복합장터를 마련한 것이다. 프리마켓의 대표적 성공 사례는 문호리 리버마켓을 꼽을 수 있다. 양평의 명소로 자리 잡았으며, 매월 셋째 주 주말이면 북한강변을 따라 장이 선다. 경기, 강원권으로 확대해 정기적으로 장이 서기도 한다.

참신한 아이디어와 개선 의지는 고정관념에 사로잡힌 기성세대는 실천하기가 쉽지 않다. 이제까지 이 방법으로도 잘해온 것을 왜? 새롭게 바꿔가며 모험을 해야 할 필요가 있을까? 라는 무사안일에서 비롯되어 개선과 혁신은 뒷전 일 수밖에 없었다.

그는 기업의 확장과 성장은 국내시장만으로는 한계가 있음을 직시하고 해외시장 개척을 위한 수출회사를 설립해 대표이사를 맡고 있다. 아침미소목장과는 별개의 독립법인이다. 8명의 투자자가 주주가 되어 2020년 설립 후 이미 40억 원의 수출실적을 올렸다. 자사 제품의 해외 수출 창구는 물론 청정제주에서 생산되는 농식품을 대상으로 수출을 점차 확대하고 있다.

필자가 평소 청년 창업농에게 주장하는 것은 가급적 내수시장에만 집착하지 말고 수출을 통한 해외시장을 겨냥하라고 말한다. 그 이유는 간단하다.

내수시장에서는 결과적으로 할아버지, 아버지와의 판매 경쟁이 불가피하며, 세대 간 갈등의 원인이 되기 때문이다.

농식품 글로벌기업을 지향하지 않을 바에는 청년들에게는 아예 창업을 하지 말아야 한다고 강조하고 있다.

농촌의 고령화에 많은 마을들이 소멸될 것으로 예상하고 있다.

2020년 5월 기준 인구소멸위험지역이 전국 228개 시·군·구 중 105곳으로 46.1%로 나타났다 그중 92.4%인 97곳이 비수도권에 집중되어 있을 정도다. 이 처럼 지방과 농촌이 소멸된다는 것은 우리 농업이 쇠락해질 수밖에 없다는 의미다.

정부는 농촌과 농업의 젊은 피 수혈을 위해 청년농업인을 지원 육성하고 있다. 심지어 대학재학생에게는 농촌 예비창업농 장학생을 선발해 교육 등을 통해 육성하기까지 하고 있다.

농업이 미래가 되기 위해서는 청년이 미래며, 가업승계가 가장 확실한 방법과 정책이 되어야 한다. 가업승계를 위해 갖가지 복잡하고 다양한 축산 낙농법의 걸림돌을 완화 정비해야 하는데 물론 가장 어려운 점은 상속세의 문제다. 가업승계를 목적으로 하는 농업에 한해 특별한 완화 조치가 있어야 할 것으로 본다.

가업승계에 대한 필자의 의견은? 세월이 가면 자식이 반대하지 않는 한 언젠가는 부모님으로부터 사업은 자식에게 승계될 수밖에 없다. 기성세대와 젊은 세대 간의 갈등은 피하기 힘들겠지만 가업승계를 하는 자식의 조급함과 성급함은 금물이다. 소위 왕자의 난은 절대 일어나서는 안 된다는 뜻이다. 특히 아버지의 경륜과 살아온 삶의 깊이를 헤아려야 할 것이다. 아버지는 가업승계 절차에 따라 사업권한의 위임을 분명히 하고 일일이 간섭보다는 자식의 의견을

요구르트

충분히 경청한 후 부모의 입장이 아닌 경영 효율성에 맞게 의사 결정을 내려야 할 것이다. 존중, 배려, 인정, 사랑이 있으면 사소한 갈등은 해결할 수 있을 것으로 본다.

아들에게 목장을 맡겨 두고 두 내외가 여유롭게 삶을 돌아보며 즐기지 못한 세상을 즐기는 것도 가업승계를 통해 얻을 수 있는 행복이다.

가업승계는 자식입장에서 보면 부모로부터 유산을 상속하는 것이기도 하지만 부모 입장에서는 쉼 없이 살아온 인생여정과 노후를 정리하는 계기이기도 하다. 청년들이 기존의 익숙한 자기 직업을 버리고 농촌으로 내려가는 결단을 한다는 것은 쉬운 일이 아니다. 가업승계에 숨은 깊은 뜻은 키워준 부모에 대한 자식으로서의 기본

도리인 효도의 길로 가는 것이다.

자식은 부모가 살아온 삶을 존중하고 두려운 마음을 가지는 것이 가업승계의 기본자세로 본다. 부모는 변하고 달라진 세상 가운데 젊은 세대를 폭 넓게 이해하고 받아들이는 배려가 필요하다.

필자는 진로그룹 임원 재직 시 2세 가업승계로 그룹경영의 몰락을 경험했다. 장학엽 회장이 창업, 73년이나 된 국민기업으로 불리던 탄탄한 진로를 12년여 만에 망하게 했던 것이다. 물론 외환위기의 불가피한 경제 여건도 있었지만, 2세 경영자의 무리한 사업 확장이 원인이었다. 경영 측면에서 볼 때 외형보다는 내실이 가장 중요하다. 그러기 위해서는 보여 주기 식의 효과적 성과보다는 효율적인 합리적 경영이 우선되어야 함은 가업승계를 하는 차세대 경영인에게 꼭 전해주고 싶은 메시지다.

사례8

LG그룹 故 구자경 명예회장의 농업사랑 이야기

▲ 70세 은퇴 후 노후를 연암대학교 농장에 머물며 20여 년을 지낸 구자경 회장

구자경 회장은 1995년 2월, LG와 고락을 함께한 지 45년, 회장으로서 25년의 세월을 뒤로하고 스스로 경영 일선에서 물러났다. 이때의 나이가 70세였다. 구 회장은 낙후된 농촌의 발전을 이끌 인재양성을 취지로 1974년 설립한 국내 유일의 현장농업교육 중심의 사립대학인 연암대학교의 농장에 머물면서 20여 년을 지냈다. 구

회장은 지난 2019년 12월 향년 94세 나이로 별세했다.

경영일선에서 물러난 이후 자연인으로 돌아가 난과 학교 정원수도 가꾸고 버섯 등을 연구하면서 시간을 보낸 구 회장은 초등학교 때 한 은사가 학교 마당에 온갖 화초와 나무를 가꾸는 것을 보고 농작물 재배에 관심을 가지게 되었다고 알려졌다. 인간은 누구나 흙으로 돌아갈 것을 알면서도 흙과 함께 살기를 꺼려하고 마음은 있으나 쉽게 결단을 내리지 못한다. 더욱이 그룹 총수인 경우 부와 권한 명예를 버리고 시골살이를 위해 조기 은퇴한다는 것은 결코 쉽지 않은 결단이 아닐 수 없다.

필자가 구 회장의 농업사랑 이야기 사례를 소개하는 이유는 총수자리를 내려 놓고 평범한 자연인으로 돌아가 흙과 자연 속에서 농촌과 농업을 사랑한 평범한 노후생활을 했기 때문이다. 우리나라 대다수의 은퇴자들이 익숙한 도시생활의 미련을 버리지 못한 채 마음은 농촌을 동경하나 선뜻 의사결정을 하지 못하는 귀농 귀촌을 꿈꾸는 사람들에게 용기를 주기 위함이다.

기업 활동을 통해 우리나라 경제 발전을 견인한 삼성 현대 그룹 총수의 경영 철학과 삶의 면면을 돌아보기도 하지만 특히 구 회장은 구씨와 허씨로 구성된 그룹으로 인화단결을 강조했으며, 인간존중경영을 실천했다. '강토소국 기술대국'이 나라의 살길이라는 신념으로 70여 개 연구소를 설립하는 등 기술 연구개발에 승부를 걸어 우리나라 화학. 전자산업의 중흥을 이끌었다.

특히, 구 회장의 기술에 대한 믿음은 어린 시절의 경험에서 비롯된 것으로 알려졌다. 작물을 가꾸는 방식에 따라 열매의 크기와 수확량이 달라지는 것을 관찰하면서 과학과 기술에 관심을 가지게 되었고, 이후 교직생활을 할 때에도 제자들에게 늘 기술의 중요성을 강조해 왔었다고 한다.

필자가 펴낸 『농업이 미래다 6차산업과 한국경제』에서 가장 많이 피력한 내용이 우리나라와 같이 농지가 좁은 국가는 관련 산업간 융복합화를 통한 6차산업이 미래농업의 대안이라는 것이다.

그러기 위해서는 노동력에 의한 땀으로 농사짓던 관행농을 개선하여 지식과 기술을 결합한 지식집약형 농업으로 거듭나야 된다고 강조하고 있다. 세계 농업강국은 미국이지만 좁은 땅을 가지고도 강소 농업대국을 이룩한 네덜란드의 화훼산업, 이스라엘의 종자산업이 그 대표적인 사례다.

구 회장이 주창한 '강토소국 기술대국'과 필자가 주장하는 '농토소국 6차산업'이 그 맥을 같이하고 있다.

구 회장이 일찍이 첨단농업과 교육에 관심을 보인 일례는 2009년 세계최초의 네덜란드 PTC플러스 청정설비와 첨단시설을 도입, 천안 연암대에 설치한 것이다. 외국까지 가는 해외연수비용 부담을 덜게 국내대학에서 선진 농업기술을 습득하게 한 실천 사례다.

LG

Life's Good

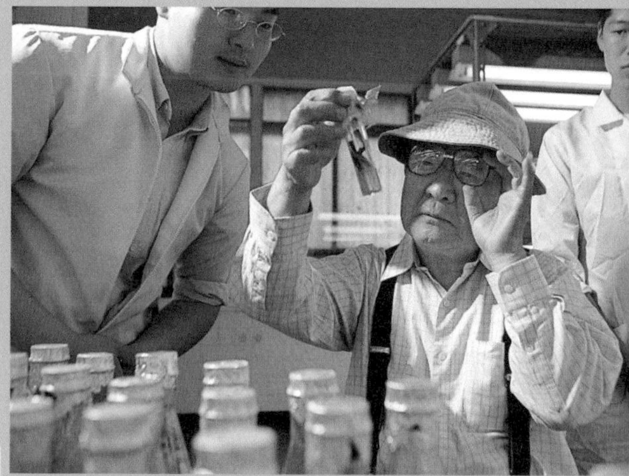

현대그룹 고 정주영 회장 역시 건설, 조선, 자동차산업을 주력으로 했지만 말년의 노후사업은 농업의 꿈을 접지 못하고 숙원사업인 현대서산농장인 서산간척지를 개척하게 되었다. 정 회장의 땀과 꿈이 배어있는 서산간척지는 유조선 공법으로 우리나라 지도를 바꾼 정 회장과 현대그룹의 개척정신의 결정체이다. 현대아산농장은 매립면적이 2,912만평이며, 농지면적은 1,929만 평이다. 친환경쌀 생산과 화식한우를 사육하며, 근래에는 6차산업과 연계한 사업도 펼치고 있다. LG 구 회장이 노후에 자연인으로 농촌을 사랑했다면 현대 정 회장은 농산업화에 역점을 둔 셈이다. 부유한 노동자로 자칭한 정 회장은 농업을 통한 부유한 농부를 꿈꾸기도 했다. 정 회장의 농업에 대한 가치는 남달랐다. "농업은 세계의 산업형태가 어떤 방향으로 변화 하든 절대로 소홀히 해서도 포기해서도 안 되는 우리의 필수자산이다."라고 했다. 정 회장이 서산농장을 개척한 이유는 아버지에 대한 그리움이다.

"그 옛날 손톱이 닳아 없어질 정도로 돌밭을 일궈 한 뼘 한 뼘 농토를 만드신 아버지께 바치고 싶었던 때늦은 선물"이라고 회고했다.

정 회장의 일화 중 쌀과 소에 관한 이야기는 강원도 통천에서 소 판 돈으로 무작정 상경한 젊은 시절과, 쌀집을 운영한 경험이 있다. 그중 국민에게 아직 생생한 것은 1998년 6월 판문점을 통해 천마리의 통일 소떼몰이로 방북을 감행 한 것이다. 그 당시 소 한 마리라도 더 주기 위해 암소가 새끼를 가진 소를 골라 보냈다는 뒷이야기도 전해 올 정도로 그가 태어난 고향이자 한민족인 북한 동포에게 사랑을 전달하고 싶었을 것이다. 소 1,000마리의 가격은 대략 100억 원 가량이 된다. 물론 평화와 통일 메시지가 깔려 있었다고 해도 정 회장 만이 할 수 있는 기발한 발상이다.

LG가의 소박한 장례식이 그렇다. 구 회장 장례식에는 상주 가족 친인척 100여 명만 발인식에 참석했다고 알려졌다. 이승을 떠나는 날까지도 가족장으로 조용하고 차분하게 보냈다. 구 회장이 25년간 회장으로 재임하는 동안 LG그룹의 매출은 260억 원에서 30조 원으로 무려 1,150배 성장했다. 1985년에는 금탑산업훈장을 수훈하고, 1987년 전국경제인연합회 회장까지 역임했다. 10만 명을 이끄는 대기업 총수가 검소하고 소탈하기가 쉽지 않다. 정주영 회장 역시 근검 절약정신은 그의 헤진 구두를 보면 잘 알 수 있다. 그는 평소 소처럼 살기를 원했다. 성실과 부지런함과 뚝심의 상징이 소다. 그러고 보니 2021년이 소띠의 해다.

구 회장의 경영철학은 어록들에서 잘 나타난다. 한 번은 “기업 경영에 있어 가장 절실히 요구되는 불굴의 도전과 개척 정신은 바로 미래 지향적인 진취심에서 나오는 것”이라며, “기업은 과거에 얽매어서는 안 됨은 물론이거니와 현재에 안주해서도 안되는 것이다. 미래를 향해 전력을 다해 뛰는 것이 바로 기업활동이다” 이라고 했다.

가장 와닿는 어록은 "완성된 작은 그릇보다 대기(大器)에 기대한다." 트럼프 대통령의 경영도 소소하고 쩨쩨한 사업보다 크고 원대한 사업에 도전한 결과로 오늘날 부동산 재벌이 되었으며, 미국 대통령까지 되었을지 모른다. 필자의 호가 대기만성(大器晩成)의 의미를 가진 "만추(晩秋)"이다.

기업 경영이나 농업경영이나 할 것 없이 이치는 꼭 같다. 특히 농업도 멀리 보고 작은 그릇보다 큰 그릇이 늦더라도 물이 많이 고여 담을 수 있듯이 풍성한 수확 후 즐기는 만추의 즐거움을 누리려면 기다릴 줄 아는 인내가 필요하다.

재벌 총수나 평범한 사람이나 우리는 흙으로 돌아 갈수 밖에 없다.

사례9

생태 자연환경 보호와 유기농 파수꾼이 된 농부

보성의 버려진 황폐한 야산을 친환경 낙원으로 복원한 노익장

우리 모두는 바쁜 일상 속에 어디를 찾아간다거나 누구를 만나기 위해 특별한 시간을 내어 방문하기란 그리 쉬운 일이 아니다. 평소 친분 관계가 있거나 꼭 필요한 볼일이 있다면 몰라도...

필자가 보성의 '노한범' 촌로의 농장을 찾아간 날이 2020년 8월 중순 여름 장맛비가 억수처럼 쏟아지는 밤이었다. 고흥에서 학회 회장단 하계 워크숍 참석 후 상경 길에 짬을 내어 방문한 것이다. 일행과 헤어진 탓에 차도 없이 대중교통을 이용해 초행의 낯선 산골 농장을 찾아 가기란 난감한 코스였다. 노한범 선생은 칠순의 고령에 비가 오는 밤인데도 불구하고 흔쾌히 보성버스터미널까지 직접 차를 몰아 픽업을 하러 나왔다. 물론 돌아올 때는 율포까지 승용차로 나와 보성읍까지는 택시를 불러 타고 나왔다. 비가 많이 오고 야간 운전이 위험했기 때문이다. 무리한 방문일정과 날씨까지 좋지 않아 미안한 생각이 많이 들기도 했다. 빗속에 도착한 농장 내 전원주택은 규모가 꽤 크고 실내가 넓고 천정이 높은 2층 구조의 잘 지어진 집이었다. 비에 젖은 유리문 사이로 바다가 어렴풋이 조망되는 위치에 자리하고 있었다.

주변에 녹차 밭이 조성된 조그만 3개 마을을 품고 있는 아늑하고 평화스러운 전형적인 시골 마을이다.

자리에 앉자마자 대뜸 무슨 용무로 찾아왔느냐는 질문 속에는 의아해하는 느낌이 가득했다. 아내가 정갈하게 차려온 차와 다과를 먹으며 이야기 실타래를 서서히 풀어 가면서 서로 간의 대화 속에 이해와 공감이 형성되기 시작했다.

왜 이렇게 멀고 어려운 곳으로 귀농해 고생을 사서 하느냐? 굳이 힘든 생태계를 보전하는 자연보호주의와 유기농만을 주장하는 농업 가치와 철학이 뭔지? 특히 경기도 이재명 도지사를 노골적으로 지지하는 이유 등이 대화 주제였다.

나는 이 책을 집필하면서 귀농·귀촌과 관련한 여러 사례를 소개하려면 노한범 선생의 귀농 이야기가 참고가 될 것 같아 꼭 소개하고 싶었기 때문이다.

겸손 때문인지 아니면 처음 만난 탓인지 본인이 책에 소개되는 것을 꺼려했다.

이 글도 물론 본인의 승낙 없이 쓰고 있지만 양해를 얻어낼 생각으로 작성했음을 밝힌다. 참고로 글의 내용은 필자의 주관적인 생각은 가급적 배제하고 노한범 선생이 평소 귀농·귀촌과 친환경 생태마을 조성의 필요성 등을 소신있게 주장하는 내용을 수정 없이 그대로 전달하려고 노력했다.

노한범 선생의 귀농 배경과 이야기를 소개하고자 한다.

전북 김제에서 태어나 도시에서 자라 교육과 직장생활 대부분을 서울에서 했다. 뉴질랜드로 해외 이민을 가서 꽤 오래 살다가 다시 고국으로 돌아왔다. 무연고인 이곳 남도 먼 시골 보성에는 14년 전 황무지나 다름없는 야산을 매입해 터를 잡기 시작했다. 온통 칡넝쿨과 가시덤불 야산을 제초제가 아닌 낫과 손으로 일일이 헤쳐 가며 길을 내고 어린 묘목을 길 따라 심고 죽으면 또다시 심어 가면서 갖가지 야생화와 유실수를 심고 가꾸었다. 흙 속에 방치된 폐비닐 등을 파내어 치우고 주민이 플라스틱 쓰레기를 태우면 쫓아가 싸우면서까지 환경보호를 통한 생태계 복원에 앞장서는 환경운동가 처지가 되었다. 이러한 사실들이 알려져 환경부에서까지 현장을 직접 방문하기도 했다.

뒤늦은 나이에 익숙한 도시를 버리고 먼 시골로 내려와 농부가 되겠다고 왜 이런 험난한 길을 택했는지 모르지만 이 모두를 운명으로 받아들이고 있었다.

특히 고국으로 다시 돌아오기를 반대한 아내를 데리고 남도 끝자락 시골로 강제 동반 이주했다. 항상 마음에 걸려 미안했지만 칠순이 되어버린 아내도 이제는 힘들게 개척하여 일궈낸 변화된 동산과 농장 생활에 오히려 익숙해하며 즐거운 삶을 함께 살아가고 있다.

이제 그는 뉴질랜드에서 하고 싶었던 베드엔브랙퍼스트(Bed and Break-Fast)인 농촌 가정집에서 민박을 하며 휴가를 즐기는 민박숙박 일을 하고자 한다.

아침에 일어나면 농장에서 재배한 허브차 한 잔을 마시고, 친환경 유기농 식품인 베이컨 계란 오트밀과 빵에 잼을 바른 먹거리 아침식사를 제공한다. 그동안 비워 두었던 3동의 토담집을 외부인에게 개방하기 위해 수리와 손질을 달포 만에 끝냈다. 치유, 감사, 사랑을 공유 하는 생태산책, 생태마실, 생태농촌체험을 경험하고 즐길 수 있는 '보성생태민박'을 운영할 계획이다. 아내는 서울 고교 동창생을 초대해 서울 할매들과 생태 전원 농장에서 아궁이에 쪼그리고 앉아 전어를 굽고, 고구마를 구워 팜파티를 한판 먼저 즐기기도 했다. 과거 악취가 풍기던 인접한 대형 공장형 돼지 사육장은 정

화시설을 갖추고 돈사 주변에 편백나무를 심어 정원화시켰다. 무분별하게 버리고 태우는 일도 잡히고 반대와 갈등으로 불편하던 주민과의 관계는 더욱 돈독해졌다. 이제는 그가 꿈꾸던 혼자가 아닌 생태 유기농 마을로 거듭난 밑그림이 그려진 것이다.

노한범 선생의 가치철학과 삶을 대화를 통해 들여다보았다. 흙과 물 자연을 훼손하여 생태계를 파괴하는 농부는 진정한 농부가 될 수 없다고 강조한다. 비료 농약 제초제 GMO 농산물 등 우리 몸을 헤칠 수 있는 농법과 농산물을 반대한다. 생태를 병들게 하고 죽이는 난개발도 마찬가지다. 진보주위 성향으로 약자와 서민에 대한 애증이 남달라 이재명 도지사의 정책을 지지하는 소신이 분명했다.

귀농 귀촌에 대한 그의 생각은 명확하고 확신에 차 있었다. 그도 그럴 것이 14년의 오랜 세월에 걸쳐 숱한 난관을 극복해 오며 손수 생태전원 농장과 마을을 탄생시켰기 때문이다.

바람직한 도시인의 귀농·귀촌은 이미 자연환경과 여건이 잘 갖추어진 수도권에서 가까운 곳으로 들어가는 것이 아니다. 호조건보다 악조건인 먼 시골로 들어가 최악의 환경을 최선으로 바꾸는 삶에 도전하는 것이 진정한 귀농귀촌이라 말했다. 편하게 살다 떠나는 인생이 아닌 힘들고 고되지만 이웃과 더불어 더 좋아지는 세상을 함께 만들고 살다가 짧은 삶의 여행을 마치고 하늘로 돌아가는 길이 올바른 귀농이라 힘주어 말했다.

귀농·귀촌은 용기와 결단이 전부라고 강조했다. 아파트를 소유하고 있다면 팔아 시골에 갈 준비를 하고, 도시와 시골에 양다리를 걸칠 어정쩡한 태도는 바람직한 귀농의 방법이 될 수 없다고 분명히 했다.

농사로 당장은 소득 창출이 어렵고 자립경제는 많은 기간이 요구된다고 했다. 나 홀로 귀농을 하여 정착하겠다는 생각보다 이웃과 함께 7가구 정도가 참여하면 작은 마을을 형성, 그때부터 자급자족 생태 마을이 가능 하다고 했다. 이때 부터는 도시인이 찾기 시작하는 생태체험마을을 시작할 수 있다는 것이다. 세상 흐름과 시류에 편승해 나약하게 살 것이 아니라 지금 당장 시골 고향으로 내려가 방치된 빈집을 수리하고 어린 묘목을 심고 올바른 먹거리 농사를 시작하라고 했다. 편하고 쉬운 일이 아닌 어렵고 힘든 일을 통해 고향과 농촌을 바꾸는 대열에 하루 빨리 합류하라고 권했다.

도시에서 은퇴 후 무기력한 삶을 의미 없이 살 것이 아니라면 흙과 생명을 복원하는 제2의 푸른 삶을 살 것을 권유했다. 나 혼자의 힘으로 무슨 농촌의 가치를 얼마나 바꾸며 만들 수 있을까? 하겠지만 귀농·귀촌은 어쩌면 이 시대 우리에게 주어진 소명인지 모른다.

철 따라 갖가지 야생화가 피고 지고 직접 만든 연못에서 참붕어 낚시를 즐기는 전원주택, 가을이면 온갖 유실수를 수확하는 기쁨을 누리는 농촌 생활, 도시에서 생각만 하다가 허송세월을 보낸다면, 인생을 낭비하는 결과를 초래할 뿐이다. 세월은 우리를 무한정

기다려 주지 않는다. 자신을 아끼고 사랑한다면 삭막한 시멘트 길을 버리고 흙냄새 풍기는 시골길로 돌아가는 결단과 용기가 필요하다. 노한범 촌로의 귀농 사례를 통해 귀농·귀촌을 망설이는 분들이 결단하고 실천하는 기회가 되기를 바란다.

제6장

인생이 곧 자연인 것을...

자연으로 돌아갈 삶, 인간은 한 줌 흙인 것을 ...

자연으로 돌아가라고 외친 '장 자크 루소'와 '노자'의 생각은 서양이나 동양이나 일치한다. 루소는 인간은 누구나 자유롭게 태어났지만 사회 속에서 쇠사슬에 묶여 있다고 했다. 자연 상태만이 인간이 자유롭고 행복하게 살아갈 수 있는 가장 아름다운 상태라 했다. 인간다운 삶을 영위하기 위해 자연으로 돌아가라고 외쳤다. 노자 역시 무위자연설(無爲自然說)을 주장했다. 문명에 대한 반대 개념으로 자연에 따라 사는 것을 뜻한다. 자연에 따라 살면 스스로 자연처럼 되며, 인위적인 규제가 필요 없게 될 것이라고 했다.

자연(自然)이란? 생명력을 가지고 스스로 생성, 발전하는 것으로 사람의 힘이 더해지지 않고 스스로 또는 저절로 존재하는 것을 의미한다. 자연은 원래의 모습 그대로를 유지하는 상태이다. 그러고 보면 자연은 누구의 구속도 받지 않는 자유를 뜻하기도 한다.

자연의 삶(Nature Life)은 어쩌면 슬로라이프(Slow Life)적인 삶인지 모른다. '이규'가 펴낸 『슬로라이프』는 '우리가 꿈꾸는 또 다른 삶'으로 정의하고 있다. 또한 느림의 삶을 지향하는 슬로라이프는 북미에서 말하는 단순한 삶(Simple Life)과도 일치한다. 건강하고 지속적인 생활을 뜻하는 LOHAS(Lifestyle of Health and Sustainability)적인 삶을 추구한다.

슬로라이프는 느리고 단순하게 살고 싶어 하는 우리가 추구하는 마지막 꿈이며, 선택일지 모른다.

캐나다 생물학자인 데이비드 스즈키는 "우리 인간은 생물이자 동물이며, 포유류이고 공기 물 흙 태양 없이는 살아갈 수 없는 존재라고 했다."

결과적으로 자연인으로 돌아가 느리고 여유롭게 살려면 복잡한 도시 생활보다는 자연환경이 잘 보존된 농촌이 도시보다 살기에 좋다는 이야기가 된다. 도시에서의 구속된 생활과 시골에서의 여유롭고 자유로운 생활이 대비되기도 한다. 자연이 우리 몸에 좋고 시골이 좋다고는 하지만 왜 복잡하고 구속된 도시생활을 버리지 못할까? 버리자니 아쉽고 미련이 남아 있기 때문이 아닐까?

과연 도시생활을 청산하지 못하는 이유와 미련은 뭘까?

서울 도심의 가로수는 나이테가 없다고 한다. 손에 지문이 없다는 말처럼 충격적이다. 삶의 대부분을 도시에서 나이테가 없는 가로수들과 함께 살고 있는 한 우리에게서 생명의 윤곽을 찾아보기 더 어려워질 것이라고 '나희덕'은 『녹색평론』에서 충고하고 있다.

시골 마을 입구를 지키는 오랜 수령의 느티나무의 싱싱하고 고고한 자태와 도심 아파트 단지에 억대가 넘는 몸값에 팔려온 정원수를 보면 안타깝기까지 한다.

김선우가 쓴 『40세에 은퇴하다』에는 세상에 태어나서 가장 잘한 일이 커피, 인터넷, 고기와 영양제, 술을 끊었다는 이야기가 나온다. 없으면 죽을 것 같은 것도 끊었더니 죽지 않더라는 이야기다. 끊을 수 있다면 돈보다 좋을 것이라고까지 했다.

과거에는 커피도 인터넷도 없었다. 있으니 마시고 눈에 보이니 하게 된다. 가수 송창식도 전원생활을 하며 휴대폰을 사용하지 않는다고 했다. 꼭 만날 사람은 찾아와 만났다는 것이다.

결국 익숙해진 도시생활 습관을 버리거나 끊으면 자연으로 돌아갈 수 있다는 것으로 귀결된다.

자연에 살림을 차린 이종국 화가는 "죽을 때까지 먹고 써도 부족함이 없을 만큼 풍요롭다."고 했다. 자연에 살던 옛사람들은 오감이 열려 예지력이 있었다고 말한다. 자연으로 돌아가 보지 않고는 자연을 결코 말할 수 없다.

인간이 자연으로 돌아갈 수밖에 없는 이유는 인간이 자연의 일부이기 때문이다. 자연과 더불어 살아 왔으며, 자연을 떠나 살 수 없기 때문이다.

자연을 선택하는 기준은 도시의 잿빛이냐 시골의 녹색이냐에 달렸다. 이것도 저것도 아닌 무채색의 회색을 좋아한다면 도시에 계속 주저앉아 있으면 되고 신선하고 생동감 넘치는 녹색을 원한다면 자연의 품으로 시골을 선택하면 된다.

코로나19사태에서 우리 모두가 경험한 바와 같이 인구가 밀집된 서울 인천 부산 대구 등 대도시에서 확진자가 과다 발생했으며. 비교적 농촌이 많은 전남 전북 제주는 비교가 되질 않을 만큼 극소수 발생했다. 농어촌이 도시에 비해 바이러스 전염병의 안전지대로 입증되었다. 즉 농어촌은 우리가 밟고 살아갈 수 있는 땅인 '생명지역' 임이 확실하게 되었다.

도시의 편리성보다 시골의 불편함을 감수하며 그 자체를 받아들이며 행복한 귀농 귀촌생활을 하는 사람도 있다. 뉴질랜드의 좋은 환경과 편안한 삶의 방식을 버리고 다시 고국으로 귀국해 시골에 정착한 '노한범'씨의 앞서 사례에서도 소개한 바 있다.

"바람직한 도시인의 귀농귀촌은 이미 자연환경이 잘 갖추어진 수도권에서 가까운 곳으로 들어가는 것이 아니다. 좋은 조건보다 악조건인 먼 시골로 들어가 최악을 최선으로 바꾸는 삶에 도전하는 것이 좋은 귀농귀촌이라 강조하기도 했다." 강원도 양양 달래촌의 김주성 촌장 내외는 15년 전 오지 중의 오지인 화전민촌에 터를 잡아 지친 도시인을 위한 힐링과 치유센터를 운영 중이다.

사람은 공기 물 흙 태양 4가지 요소와 함께 사회 공동체적인 동물인 까닭에 사랑 없이는 살 수 없다고 인류학자인 '애슐리 몬테규'는 주장했다.

특히 치유(Healing)는 사랑으로 가능하며, 사랑에는 많은 시간과 수고가 뒤따라야 한다. 투자와 희생 없이는 결코 사랑은 유지 될 수 없기 때문이다.

달래촌은 도시민의 상처를 치유하며 몸과 마음을 달래는 자연속에 터를 잡은 山이 정원인 치유센터이다.

'인간은 한줌 흙'인 것에 이의를 제기하는 독자도 있을 것이다.

그렇지만 추모공원에서 장례절차를 경험해 본 사람이라면 인간은 예외 없이 한 줌 재로 돌아가게 되어 있다는 현실을 부인할 수 없을 것이다. 서글픈 마음이 앞서지만 피할 수 없는 엄연한 사실이다. 성경 창세기에 '땅의 흙으로 사람을 지으시고'라고 기록되었다. 흙은 암석이 풍화작용에 의해 만들어진 것이다. 비옥한 토양의 1그램의 흙 속에는 무려 1억 마리의 생물이 살고 있다고 한다.

흙 자체가 생명인 것이다. 대지를 어머니의 품이라 부르는 이유도 땅에 씨앗을 뿌려 뿌리를 내려야만 생물이 생존이 가능하기 때문이다. 흙이 없다면 농사를 지을 수도 없다. 이광수의 소설 『흙』의 무대도 농촌마을인 살여울이다. 박경리 장편 대하소설 토지(土地)의 무대 역시 하동의 평사리 들판이다. 자연이 흙이고 흙이 우리의 생명을 이어주는 젖줄이다.

삼성의 이병철 회장도 45만여 평의 더 넓은 자연농원인 에버랜드가 자신의 소유였지만 1.5평의 묘지에 묻혔으며, 영생을 위해 불로초를 찾아 헤맨 진시황, 부귀영화를 누린 솔로몬도 인생이 헛되고 헛되다고 마지막 말을 남기도 한 줌 흙으로 돌아갔다.

어차피 한줌 흙으로 돌아갈 삶이라면 다소 숙연해지긴 하지만 자연의 섭리를 겸허하게 받아들여야 한다. 이제껏 해 보지 못했던 하고 싶었던 일을 하고 인생을 정리하고 좋은 마무리를 원한다면 시골이나 고향을 돌아가야겠다는 생각이 들 것이다.

사람이 흙이라면 자연과 어울려 더욱 가까이서 친숙해져야 할 것이다. 귀농 귀촌과 농사를 통해 잃어버렸던 생명의 시간을 땀방울과 함께 되찾는 기쁨을 누리는 기회가 되길 바란다.

'이시형'박사의 문인화첩 '여든 소년 山이 되다'와 '농부가 된 의사 이야기'는 "희망이 제대로 효과를 내려면 꼭 필요한 것이 한 가지 있습니다. 바로 땀입니다."라고 흙먼지가 풀풀 날리는 시골 생활을 통해 터득했다고 고백했다.

'이규'가 주장하는 슬로라이프의 삶을 살기 위한 10가지 주문 중 3가지만 소개 한다.

첫째, 최소한의 필요한 것만 구하라.

둘째, 땀과 생각을 서로 즐겁게 나누자.

셋째, 진정한 풍요를 위해 물질과 돈에 의존하지 말자.

하나 더 붙인다면 지난 도시생활은 잊고 오직 시골 생활에 충실하라고 주문하고 싶다.

도시생활의 편안한 것이 다 즐겁지만은 않았을 것이다. 느림과 여유가 오히려 즐거움을 가져다 줄 것이다. 마음의 평온만이 가장 만족한 삶의 길로 인도할 것이다.

전기를 끄고 달, 별, 반딧불을 찾아보자. 모닥불을 피우고 촛불을 밝히는 다소 불편해도 소박하고 자연스러운 삶으로 한 발 다가가자.

안도현 시인은 '바람이 부는 까닭'에서 세상을 흔들고 싶거든 자기 자신을 먼저 흔들 줄 알아야 한다. 시골의 청량한 바람과 바닷가의 갯내음을 맡고 싶다면 자신을 향해 바람을 일으키는 용기가 필요하다. 바람개비는 멈춘 상태에서는 돌지 않는다. 바람을 맞으며 앞으로 달려 나갈 때에 비로소 돌아간다고 이야기 한다.

배는 정박해 두기 위해 건조한 것이 아니다. 거센 바람과 파도와 맞서 헤쳐 나가는 항해를 통해서만 배의 역할과 가치가 있다.

귀농 귀촌은 자연으로 돌아가는 다소 거친 삶이며, 한 줌 흙으로 돌아가기 위한 준비며 현명한 선택이다.

나도 자연인(自然人)이다

나는 자연인이다.

'나는 농부다'라는 TV프로는 있지만 '나는 도시인이다'라는 프로가 존재하지는 않거니와 그러한 말은 잘 쓰지 않는다. 도시가 농어촌 보다 매력이 없거나 동경의 대상이 되지 못하기 때문인지 모른다.

"나는 자연인이다."는 MBN TV 인기 교양프로이다. 2012년 8월부터 방영, 2020년 3월 현재 393회 이어오고 있다. "원시의 삶 속 자연인을 찾아가는 자연 다큐멘터리 100% 리얼 휴먼스토리"이다.

개그맨 윤택과 이승윤이 번갈아 출연하고 있다. 본방은 매주 수요일 밤 9:50분에 방송된다. 여러 채널에서 재방을 계속하여 비교적 노출이 많은 방송 프로다. 필자도 간혹 보지만 재방을 보는 편이라 매주 수요일 본방을 하는 사실도 이번에 알게 되었다. TV를 잘 안 보는 편이라 아들한테 간혹 나는 자연인이다 프로를 본다고 하면 아버지도 이제 나이가 들었다고 했다. 아무래도 젊은 층보다 중

년 이상의 연령대가 시청률이 높을 것이다. 자연과 귀농 귀촌에 대한 관심은 은퇴를 했거나 나이 든 사람이 관심이 많을 수밖에 없다. 자연인에 출연한 연령대는 중장년층이 많은 편이다. 자연인 생활은 짧게는 2~3년에서 길게는 15~20년 된 자연인도 있다. 가끔 여성 자연인도 소개되기도 한다.

산속의 자연인이 대다수지만 무인도 섬에 정착한 자연인도 있다. 자연인이 된 동기는 제각기 다양하지만 대개 순수하게 자연이 좋아서, 세상살이에 지쳐 도피처로, 지병을 얻어 치유를 위해, 은퇴 후 자유로운 삶을 누리기 위한 등이 자연인이 된 이유다.

넓은 범위에서 보면 도시를 떠나 농촌에 귀농 귀촌하는 자체도 자연인에 해당된다.

'나도 자연인이다' 처럼 살고 싶다는 생각을 TV를 시청하면서 도시인이면 한번쯤 자연인을 동경하며 해 봤을 것이다.

인간도 생물이며, 포유류에 속하는 동물이라 한 것처럼 사람도 자연 속에서 살아야 맞는 것이다. 인간이 자연에 인위적인 행위를 통해 자연미를 훼손시켰으며 편리함을 누리기 위해 자연을 파괴한 셈이다. 스스로 자연 속에 살지 못하고 도시화된 회색 빌딩과 시멘트 속에 살게 되었다. 나이테가 없는 도시의 가로수와 다를 바 없다.

시골과 자연은 거칠고 투박하고 울퉁불퉁한 원래 그대로의 모습을 간직하고 있다. 반면 도시는 획일적이고 반듯하며 부드러운 아이스크림처럼 매끈하기까지 하다.

도시에는 아름다운 선율의 음악 소리가 들릴지 몰라도 시골은 뻐꾸기 종달새 등의 온갖 새들의 노랫소리와 촌닭과 시골 강아지 짖는 엇박자 소리도 정겹기만 하다. 경칩이 지나고 겨울잠에서 깨어난 개구리들의 요란스런 합창은 밤잠을 설칠지언정 농촌이 살아 있음을 알리는 함성이다. 한 해 농사를 위해 논밭으로 전진하는 농부의 우렁찬 행진곡과도 같다.

시골이 결코 거친 것만은 아니다. 봄 햇살은 포근하고 부드러운 그 따스함이 몸에 스며와 졸음을 유혹하기도 한다. 한 해 농사를 끝낸 만추(晩秋)의 한가롭고 여유로운 늦가을을 상상해 보라. 들녘에 물든 노을을 보노라면 평온과 평화 그 자체다. 시골 노을빛의 아름다움은 도시에서 현란하고 요란스럽게 펼치는 불꽃 축제보다 더 아름답고 황홀하기까지 하다. 도시의 맛이 정형화된 부드러운 카스테라 맛이라면 시골은 모양도 잘 정돈되지 않는 형태의 쑥 버무리 맛이다. 못생겨도 그 맛의 구수함과 짙고 향긋한 쑥 향은 카스테라와 비교할 바가 아니다. 요즘 세대들은 흔히 개떡이나 쑥범벅 특유의 맛을 알 리가 없다.

디저트카페에 익숙한 요즘 세대는 달콤하고 부드러운 조각 케이크와 커피에 익숙해진 지 오래다.

전혀 그렇지 않은 경우도 있다. 스타벅스에서 빵 대신 커피와 떡을 함께 팔기도 하고 망고나 자몽 주스 대신 여름에는 몸에 좋은 오미자나 시원한 수박 주스도 함께 팔기도 한다.

농림장관을 지내시고 현재 중앙대 명예교수이신 “김성훈” 전 장관이 펴낸 『워낭소리, 인생 삼모작의 이야기』에 농업이 없는 나라, 농촌이 없는 도시, 농민이 없는 국민은 존재하지 않는다고 단언하신다.

"농사를 포기하라 농촌을 떠나라! 할배, 소 팔아! 소를 팔아!"라고 외치는 봉화 워낭소리 영화에서의 할머니 울부짖는 소리가 안타깝기만 하다.

할머니의 온갖 구박에도 40년 동고동락한 소 먹이를 위해 유기농업을 고집해왔다. 소가 죽자 무덤까지 해 주었다. 할배가 죽자 자식들은 할배 산소 옆에 소를 이장까지 해 나란히 묻어 주었다. 사례에도 소개한 도회지로 나가 호텔 주방장으로 성공한 아들은 고향 봉화로 귀농해 유기농 희귀 과채 농장을 경영하고 있다. 그 아들 역시 대를 이어 아버지의 농사철학을 계승해 가고 있다.

농업이란 하늘 땅 농부의 3재가 조화를 이루며, 식량 생산은 물론 다양한 공익적 기능과 가치를 창조하는 인간의 영원한 생명 샘이다.

선진국이란 도시나 농촌 어디에서 살아도 경제 사회 교육 문화 복지혜택에 차이가 없고 차별을 받지 않고 평등할 수 있어야 한다.

도시를 포기하지 못하고 농촌을 선뜻 결정하지 못하는 이유가 도시와 시골 간의 여러 면의 격차 때문이다.

농사가 천직이고 농부의 도리라고 하지만 농사도 생업이기 때문에 현실을 외면할 수는 없다. 자연인으로 돌아간 사람들도 산속에서의 최소한 생활을 위해 돈벌이를 하는 모습을 보게 된다. 약간의 양봉, 버섯, 약초 채취를 통해서 해결하기도 한다.

자연과 흙 그리고 농사는 절대 농부를 배신하지 않는다.

이번 코로나 사태에서 경험했듯이 자연과 농촌이 도시보다 안전하고 좋은 이유는 농어촌이 질병의 안전지대라는 점도 있지만 온 도시는 마비되고 사회생활이 멈춰서도 농촌에서는 봄이면 어김없이 농부가 씨를 뿌리고 농사일을 시작할 수 있다는 점이다. 도시는 인위적으로 이뤄졌지만 농촌은 자연 환경과 땅이 그대로 유지되고 있기 때문이다.

귀농 귀촌하여 자연인으로 살고 싶다면 혹성탈출의 모험을 감행해야 한다.

도시를 탈출해 "나는 자연인이다."라고 외치다 보면 그 꿈은 현실이 될 것이다.

우리의 인생은 무한 할 수 없다.

필자의 간곡한 부탁은 소멸 우려가 날로 심각해 가는 농어촌을 되살리는 길이 여러분의 귀농 귀촌 결단이 유일한 대안이라는 것이다. 해마다 돌아가시는 노인으로 인해 농촌 인구는 줄고 방치된 폐가와 농지는 늘어만 가고 있다.

저녁밥을 짓는 굴뚝의 연기가 온 마을에 피어날 때 농촌 농업 농민이 생기를 찾을 수 있을 것이다. 그 바탕 위에 국가 경제를 버틸 수 있는 버팀목이 농촌이며 농업이 되어야 한다. 국민 모두가 농업에 대한 관심과 인식 전환도 시급한 과제다.

도시의 안락함을 포기하면 더 나은 자연환경의 미래가 귀농 귀촌을 통해 펼쳐지리라 확신한다.

용기와 결단은 독자 여러분의 선택이며 몫이다. 비록 금맥을 캐는 금광은 아닐지라도 땀 흘린 만큼의 대가를 차별 없이 평등하게 거둘 수 있을 것이다.

김성훈 전 장관이 2년 6개월 동안 장수 농림장관을 퇴임하시면서 남긴 말을 되새겨 보기 바란다.

우리의 인생은 그 어느 누구도 영원하지 않기 때문이다. 우물쭈물하다가 내 이럴 줄 알았다는 후회가 있어서는 안 될 것이라 본다. 망설임은 선택과 기회의 적일 뿐이다.

"홍시도 때가 되면 떨어집니다. 나무가 붙잡을 수도 없고 나무에 붙어 있을 수도 없는 겁니다."

세월은 결코 우리를 기다려 주지 않는다.

도시에서의 삶이 더 무기력해지고 종말이 오기 전에 빨리 선택하는 지혜와 명철함이 필요하다. 천하의 금강산과 세계적인 명승지도 스스로 걸어 다닐 수 있을 때 여행을 즐겨야 하는 것처럼 자연도 농사도 손수 일할 수 있을 때라야 가능하며 보람을 느낄 수 있을 것이다. 결코 자연과 농촌은 나이 든 사람들의 묘지가 아니라 생동감이 살아 있는 활력 넘치는 낙원이 되어야 하기 때문이다.

금수저보다 소중하고 귀한 흙수저

금수저보다 흙수저가 소중하고 귀하다고 주저 없이 말할 사람은 아무도 없을 것이다. 금수저는 황금이고 흙수저는 그렇지 못한 까닭이다. 금수저는 경제적으로 부의 상징인 돈 많은 상위 0.1%의 고소득군을 의미한다. 흙수저는 서민이나 저소득층을 말한다. 고소득 농민도 있지만 대부분의 농민 역시 흙수저에 해당된다.

필자 또한 할아버지는 농부, 아버지가 공무원이었지만 태생적으로나 경제적으로 흙수저에 해당된다.

금수저의 유래는 원래 금수저가 아닌 은수저였다. '은수저를 물고 태어나다'(Born with a silver spooninhis mouth)에서 유래되었다. 귀족 집안의 유모가 은수저로 우유를 떠 먹이던 데서 비롯되었다. 우리나라 궁궐에서도 은수저를 사용했다.

금수저는 태생적으로 타고난 부를 말하며, 자수성가로 부자가 되어도 금수저라 부르지 않는다. 미국 대통령이 된 트럼프가 성공한 사업가로 알려졌을 즈음 늦둥이를 봤을 때 태어나면서부터 금수저를 물고 태어났다고 스스로 이야기했다.

금수저는 부모가 부자이고 자신이 앞으로 살아가는 데 돈에 대해 걱정할 필요가 없는 사람을 말한다.

주로 청년세대들의 신조어가 되어 버린 금수저란 표현은 대다수 부모에게는 죄송하고 상처를 주는 용어다.

금수저는 '오늘은 어떤 차를 몰고 나갈까?'를 생각하고 흙수저는 '오늘은 버스나 지하철에서 자리에 앉아 갈 수 있을까?'를 고민하는 대조적인 표현은 대다수의 국민을 서글프게 하는 말들이다.

금수저보다 흙수저가 소중하고 귀한 이유를 억지일지라도 필자의 생각을 정리해 보도록 하겠다.

금은 불에도 잘 녹지 않으며, 빛깔이 변하지도 않는다. 전기 전도율이 높은 특성을 가졌다. 금은 화폐로도 사용되었으며, 보석과 사치의 상징으로 부와 투자의 대상이다. 반면 흙은 생명력을 가졌으며, 인류를 먹여 살리는 생명의 원천이다. 금광은 흙 속에 묻혀 있으며 채굴해야 비로소 그 가치를 인정받는다.

흙이 금을 품고 있다고 봐야 한다. 객관적인 비교는 아니지만 금값이 비싸기는 해도 부동산 자산 차원에서 땅값도 만만찮다. 금 1돈이 3십만 원대라면 서울의 명동 요지 땅 1평의 공시가격이 3억 원을 웃돌 정도다.

흙으로 빚은 조선백자 달 항아리는 서울옥션 경매에서 심리적

지지선을 넘어 30억 원이 넘게 거래되었다. 고려청자 역시 뉴욕 크리스티 경매에서 35억 원에 낙찰되었다. 사랑과 영혼 영화의 장면에서 흙으로 도자기를 빚기 위해 연인이 함께 물레를 돌리는 장면은 살아 있는 생명력과 숭고한 사랑 그 자체다. 흙으로는 수저를 만들 수 없지만 흙을 빚어 도자기 숟가락은 만들 수 있다.

실제 금수저는 시중에 없다고 봐야 한다. 순금만으로 수저를 만들기에 부적합하기 때문이다. 무겁고 성질이 물러 숟가락과 젓가락 용도에 맞지 않는다.

그러다 보니 색깔만 황금색을 띤 티타늄 도금 금수저가 유통된다. 은수저 가격에 비해 도금한 금수저는 4~5배나 싸게 거래된다.

봉준호 감독이 수상한 아카데미 영화 감독상의 황금 트로피도 도금된 것으로 제작비가 47만 원에 불과하다.

여러분 모두는 대체적으로 이건희 회장이나 이재용 부회장을 부러워 할 것이다. 그것은 필자도 마찬가지다. 분명 경제적인 측면의 부를 놓고 볼 때는 그 누구도 부인할 수 없을 것이다. 문제는 행복의 기준이 돈이 전부가 아니라는 사실이다.

이렇게 질문을 해 보기로 하자. 이미 돌아가셨지만, 6여 년 넘게 병석에 누워 있는 이건희 회장에게 자신이 가진 전 재산을 건강과 바꾼다면 어떤 대답이 나올까? 당연이 100%로 예스라고 답하지 않을까?

아무리 큰 금수저도 건강 앞에서는 아무 소용이 없다.

흙은 그렇지 않다. 우리의 생명을 지키며 유지하는 원동력이 흙이며 흙은 넓은 대지를 품고 있다.

돈이 삶의 목적인 사람은 부자가 되면 성공한 사람으로 인정받겠지만 부자들이나 재벌가의 비도덕적 비윤리적 갈등은 돈에서 비롯된다는 사실 또한 부인 할 수 없는 우리의 부정적인 사회 단면이다.

여러분이 흙수저가 싫어 금수저가 되려면 어떻게 해야 할까?

김광민이 쓴『비행기』에서 흙수저가 금수저가 되려면 비전을 가지고 행동으로 옮기면 기적이 일어난다고 했다. 필자의 생각은 욕심 부리지 않고 적당히 풍족한 상태면 된다고 본다. 대자연을 내 품에 안고 건강한 자연산 먹을거리로 건강을 유지한다면 흙수저도 금수저를 부러워하지 않을 것이다. 이건희 회장이 자신의 전 재산과 바꾼다는 거액의 건강을 귀농 귀촌을 통해 누릴 수 있다면 삼성가의 금수저보다 훨씬 낫지 않을까?

우리는 금수저를 마냥 동경할 것이 아니라 흙수저가 가진 소박함과 생명력을 소중히 해야 할 것이다. 흙으로 돌아갈 인생, 흙 속에서 살 수 있는 시골로 돌아가자. 귀농 귀촌으로 흙수저 신분인 농부지만 금수저 못지않은 가치를 누릴 수 있다.

흙 담이 시멘트 담장보다 좋고, 닭장 같은 아파트보다 토담집이 더 좋고, 보일러 난방보다 장작의 구들 황토방이 몸에 좋은 건 다 아는 사실이다.

흙 속에 살면서 도시에서 상처 받은 몸과 마음을 치유할 수도 있다.

도시 생활에서의 빠른 걸음을 시골에서 느린 걸음으로 바꿔보도록 하자.

시골 생활은 서두르지 않아도 된다. 씨앗을 뿌리는 농부가 걷는 속도로 걸어가면 늦지 않고 충분하다.

흙과 함께 즐기는 시골 살이는 뭐니뭐니 해도 밭에서 갓 따온 싱싱한 야채나 과일을 손수 요리해 먹는 재미와 행복감이 최고다. 마트에서 구입해 저장된 규격화된 음식을 먹느냐 싱싱한 푸성귀를 먹느냐는 흙의 가치를 알고 농촌을 사랑하다면 귀농 귀촌인이 누릴 수 있는 특혜며 권리다. 슬로라이프엔 슬로푸드와 더 나아가 슬로비즈니스도 함께 농촌에서 가능하다. 세월은 쉼 없이 흘러간다. 천천히 그리고 빠르게 강물도 세월도 우리네 삶도 속절없이 흘러간다.

점차 농촌 마을이 양로원으로 어둡게 변하고 있다. 하나님이 흙으로 빚어 생기를 불어넣어 인간을 창조한 것처럼 여러분의 귀농 귀촌이 소멸되어 가는 위기의 농어촌에 생기가 넘치는 새싹과 불씨가 되어 새롭게 활활 타오르는 마중물 역할을 하길 기대한다. 금가락지를 벗고 손에 흙을 묻히는 자연으로 돌아가자 필자의 억지 주장이 되지 않게 흙수저로도 금수저의 삶을 희망하는 농촌에서 변화된 인생, 꿈꾸던 새로운 희망의 새싹을 키우자.

귀농 귀촌을 통한 시골 생활과 농업이 괜찮은 삶이며, 괜찮은 직업이고 해볼 만한 도전 가치가 있는 일터가 될 것이기 때문이다.

시골이나 도시나 어디서 태어났든지 시골을 고향으로 생각해 보라. 과거에는 젊어서는 오직 출세와 성공을 위해 고향을 떠나는 것이 당연했다. 시골에 남아 농사를 짓거나 마을 일을 도우며 사는 생활은 사회적 낙오자로 버림까지 받았다. 무능의 상징이었다.

필자의 경우 오히려 고향을 떠나지 않고 농업과 어업을 하면서 고향 땅을 지킨 사람은 생활기반이 오히려 도시로 간 동료보다 더욱 탄탄하다.

고향을 떠난 사람은 젊을 때나 나이가 들어 갈 때나 고향에 대한 향수를 평생 그리움으로 가슴에 안고 산다. 흉악을 저지른 범죄자도 자신도 모르게 고향을 찾아가 검거되기도 한다.

이제는 귀농 귀촌의 개념이 완전히 달라졌다. 귀농의 이유와 목적이 다양하고 사회 환경과 구조가 바뀌었기 때문이다. 지금은 고향이나 시골로 귀향한다면 허물이 되지 않고 오히려 환영 받는 시대로 변했다.

우리의 농촌은 5천 년 유구한 역사며, 생명의 가치와 은근과 끈기의 우직한 농부의 철학이 숨쉬는 곳이다.

하루 빨리 딱딱하고 삭막한 도시의 시멘트나 아스팔트길을 벗어나 사람과 함께 호흡하며 숨 쉴 수 있는 황토 길을 걸어가 보자.

100세 장수시대는 남의 일이 아니고 당장 우리 모두의 미래 모습이다.

김형석 교수는 100세에도 강연을 하고 있고 전국노래자랑 송해 선생은 94세에도 정정하다. 한국인의 밥상을 진행하는 최불암 선생도 80세를 훌쩍 넘겼다.

필자의 어머니도 구순이 넘었지만 아직 정정하시다. 50~60세에 퇴직한다면 인생 절반의 50년을 어떻게 살 것인가? 이제까지 살아온 도시의 연극무대에서만 살 수 없다. 새로운 무대로 바꿔야 한다. 도시에서의 피로와 권태, 스트레스는 소중한 우리의 생명을 단축시킬 뿐이다. 변화는 필수다. 인생의 최고 황금기와 생애 업적은 60대 중반부터 70대에 가장 많이 성취한다고 한다.

더 이상 말할 필요가 없다. 제2~3의 인생은 더 늦기 전에 귀농귀촌이 그 해답이다. 돈보다 건강이 우선이며, 복잡한 도시의 매연보다 쾌적한 환경의 시골이 더 좋기 때문이다.

Epilogue

귀농·귀촌 주제로 책을 쓴다는 것은 쉽지 않은 일이라 망설였다. 농부도 아니고 귀농·귀촌을 한 입장도 아니기 때문에 더 어려웠다.

용기는 참 겁이 없는 자에게 주어지는 선물이다.

농촌계몽소설인 상록수를 쓴 심훈은 서울출생이며, 농사 경험이 없는 신문사 학예부장이었다.

그에 비해 나는 그나마 시골출신이다. 현재 농업과 관련한 (사)한국농식품6차산업협회장으로 전국의 농산어촌 현장을 발로 뛰며 실상을 누구보다 피부로 체험하고 있다.

귀농·귀촌은 단순히 농사일을 하며, 농촌의 자연경관을 여유롭게 즐기기 위한 것이 아니다.

어떻게 보면 도시생활보다 풀어가기가 더 힘든 복잡 미묘한 삶의 현장이다. 농사 기술, 자연환경과 재해, 색다른 환경 적응, 현지인과의 융화 등 새로운 터를 잡아가는 일은 쉽지 않다.

귀농. 귀촌인이 책을 내었다면 농사를 짓는 일과 시골 살이에 대한 체험담을 주제로 했을 것이다.

그렇지만 나의 입장은 주관적인 생각보다는 객관적인 시각에서 귀농·귀촌에 대한 종합적인 접근이 가능하다.

아무런 배경과 연고가 없는 처지에 말단에서 승진에 지극히 보수적이었던 진로그룹에서 젊은 나이에 임원이 되었다. 치열한 사업 현장에서 경영자 수업을 충분히 했다. 체계적 이론을 정립하기 위해 경영학 석사와 경제학 박사학위를 취득했다. 퇴임 후 실무와 이론을 겸비한 경력으로 대학과 대학원에서 겸임, 석좌 교수로 20여 년 후진을 양성하기도 했다. 유통산업, 프랜차이즈산업, 창업, 교육, 컨설팅 분야에서 오랫동안 사업을 운영해 왔다. 현재는 농업을 근간으로 2~3차 산업 간 융합을 통해 새로운 농업의 미래를 열어가는 한국농식품6차산업협회 수장으로 우리 농업의 발전을 위해 매진하고 있다. 이러한 다양한 경험에 의해 보다 폭넓은 시야와 안목을 가질 수 있었다. 농촌 농업은 물론 귀농·귀촌에 대한 갖가지 걸림돌을 직시하고 대안제시를 통해 문제점을 해결할 수 있는 내공을 쌓게 된 셈이다.

책을 쓰면서 어려웠던 점은 귀농·귀촌을 하는 입장과 처지가 제각기 다르다는 점이다.

대학을 졸업한 청년 창업농에서 정년퇴임을 한 중장년층에 이르기까지 연령대가 다양하기 때문이다. 도시에서의 이력과 삶의 경험도 제각기 다르다. 특히 귀농. 귀촌을 하려는 목적 또한 각양각색이다. 이러나 보니 궁금해 하는 관심사 역시 달라질 수밖에 없다.

독자에게 전달하고자 하는 가려운 부분에 대한 메지지의 과녁을 맞추기 가 쉽지 않았다는 점이다.

귀농·귀촌에 대한 책이라고 하면 일반적으로 지침서, 영농기술, 정보, 농촌생활 경험에 의한 이야기 주제가 대부분이다. 그러나 이 책은 차별화 차원에서 이제까지 접근하지 않았던 농업과 삶의 가치를 바탕으로 귀농·귀촌을 풀어가려고 했다는 점이다. 독자에 따라 다소 뻔하고 진부한 이야기가 될 수도 있었을 것이다.

귀농. 귀촌을 희망만 하고 아직도 망설이고 있는 예비 귀농인을 설득하고 결심에 이르기 위해서는 기존의 방식보다는 남다른 접근 방법이 필요하다고 판단했다.

삶과 농업에 대한 가치를 중심으로 농업과 귀농·귀촌에 관련된 내용뿐만 아니라, 경제, 사회, 경영, 유통, 마케팅에 이르기까지 농업과 귀농·귀촌에 접목 할 수 있는 폭 넓은 사례를 담고 있다.

특히 아홉 분의 서로 다른 귀농·귀촌·귀향 사례를 소개하고 있다. 지역, 연령, 성별, 경력, 사업 영역 및 업종 등이 제각기 다른 내용이다. 이분들의 남다른 삶의 가치와 고귀한 사상과 철학, 지치지 않는 무한 열정과 도전정신에 존경과 찬사를 보낸다.

『나는 내일을 기다리지 않는다』 책을 펴낸 발레리나 강수진은 뜻하는 목표가 있다면 지금 결심하고 행동하라고 했다. 소개된 사례 9분은 제각기 다른 입장과 여건에서 과감한 결단을 통해 노력하여 과실을 얻어낸 사람들이다. 우리의 눈이 2개인 이유는 하나의 눈으로 사람을 분별하고, 다른 하나의 눈으로는 세상을 읽는 안목을 가져 지혜롭게 살아가라는 뜻이라고 한다. 지금은 과거처럼 탈 농촌시대가 아니다. 시대적 환경과 요구는 우리들에게 탈 도시를 결단하라고 무언의 시위를 하고 있다시피 하다. 이는 산업화 시대는 점차 저물어 가고 있다는 의미다. 생명산업인 농업의 미래가 도래하고 있다는 뜻이기도 하다. 인간의 삶도 친 자연적 환경에서 여유롭고 건강하게 살아가기를 모두가 희망하고 있다. 여러분 모두가 세상을 읽고 미래를 예측할 수 있는 안목과 지혜로운 판단으로 귀농 귀촌을 통해 후회 없는 삶이 되기를 바란다.

본인 역시 이 책을 무모하게 시작했기 때문에 마무리까지 오게 되었다.

아들을 위해 평생기도로 한결같은 사랑을 주신 구순 노모께 감사드린다. 가족, 형제, 친구도 큰 힘이 되었다. 바른 가르침을 주신 은사, 각계의 지도자와 지인 모두에게도 고마움을 전한다. 특히 부족한 책이 나오기까지 도서출판 행복에너지 여러분께도 감사드린다.

무엇보다 독자 여러분의 사랑에 보답하고자 앞으로도 지속적인 노력을 아끼지 않을 것을 다짐한다.

끝으로 책 속의 내용들이 여러분의 귀농·귀촌 결심을 돕는 한 모금의 석간수가 되길 바란다. 아울러 농산어촌으로 삶의 터전을 옮기는 실개천의 징검다리 역할을 할 수 있기를 희망하면서...

▲청소년 시절의 꿈이 서린 내 고향 통영 강구안

참고 문헌

국내

김성훈, 워낭소리 인생 삼모작의 이야기, 따비, 2014.2.

김형진, 공부경영, 김영사, 2019.7.

김성수, 6차산업과 한국경제 농업이 미래다, 행복에너지, 2019.12.(2쇄).

김성수 외, 7인의 명강사 비법공개, 신세림출판사, 2013.1

이시형, 농부가 된 의사 이야기, 특별한 서재, 2019.10.

심훈, 상록수, 청목사, 1993.1

김영춘, 살아 있는 한국사 고통에 대하여, 이소노미아, 1920.12.

김난도 외, 트렌드코리아 2020, 미래의 창, 2019,10.

번역서

윌리엄 더건, 어떻게 미래를 선점할 것인가?, 비즈니스 맵, 2013.5.

윤석철, 경영·경제·인생, 위즈덤하우스, 2005.7.

데일 카네기, 인간관계론, 카네기연구소, 2004.11

도널드 J. 트럼프, CEO트럼프 성공을 품다, 2007.5.

알 리스 외, 마케팅 불변의 법칙, 십일월출판사, 1994.5.

논문& 보고서

김성수, 환경경영이 유통업 마케팅 성과에 미치는 영향에 대한 연구, 중앙대학교 박사학위논문,2004.6

한국농촌경제연구원, 2020년 농업·농가경제 전망, 2020.1.

자료 출처

농림축산식품부

한국농촌경제연구원

중앙일보

EBS

LG그룹

(사)한국농식품6차산업협회

귀농귀촌을 꿈꾸는 모든 분들이 읽어야 할 정신적 지침서

권선복
(도서출판 행복에너지 대표이사)

통계청의 인구 조사에 의하면 대한민국 인구 중 절반 가까이가 서울을 중심으로 하는 수도권에 거주하고 있다고 합니다. 여기에 더해 출생률이 떨어지고 초고령화 사회로 이행하면서 수도권 바깥의 지역사회는 '지방소멸'에 대한 위기감이 팽배한 상태입니다. 하지만 동시에 베이비부머 세대가 은퇴를 맞이하게 되고, 도시의 빠르고 과잉된 삶에 지친 사람들이 오히려 증가하면서, 더 느리고 온전한 삶을 위해 귀농귀촌을 꿈꾸는 사람들 역시 증가하고 있습니다.

이 책 『귀농 · 귀촌의 모든것』은 2019년 저서 『농업이 미래다』를 통해 6차 산업의 기반으로서의 농·축·수산업과 대한민국의 균형발전, 산업구조 혁신의 미래를 이야기한 바 있는 (사)

한국농식품6차산업협회장 김성수 저자의 신간입니다. 이 책을 통해 저자는 귀농귀촌을 염두에 두고 있는 독자들에게 용기와 희망을 제시하는 한편, 성공적인 귀농귀촌을 위해 가져야 할 정신적인 태도와 관점을 독자들에게 들려줍니다.

은퇴 인구가 증가하면서 복잡한 도시생활에서 벗어나 귀농귀촌을 꿈꾸는 이들은 적지 않으나 쉽게 결정을 내리지 못하는 경우가 대부분이며, 귀농귀촌을 시도한 이후 현지에서의 생활에 적응하지 못해 다시 도시로 돌아오기도 합니다.

이 책은 '귀농귀촌은 편하게 살기 위해서 하는 것이 아니다'라는 관점에 입각하여 도시에서 살 때 가지고 있었던 모든 관점과 마인드를 변화시켜야만 성공적인 귀농귀촌을 할 수 있다는 점을 강조합니다. 또한 동시에 '지금 당장' 귀농귀촌을 선택하는 것이 자신의 삶에 어떤 긍정적인 터닝포인트가 되어 이제까지 경험하지 못한 새 인생을 살아갈 수 있도록 하는지를 이야기합니다. 여기에 더해 도시에서의 명예와 지위를 버리고 귀농귀촌하여 혁신적인 아이디어와 열정을 통해 6차 산업의 선두주자로서 성공한 농업경영인들의 사례를 들어 귀농귀촌은 결코 편하고 즐겁기만 한 일은 아닐 수도 있지만, 궁극적으로는 인생에 큰 보람을 주는 변화라는 점을 강조합니다.

이 책 『귀농·귀촌의 모든것』이 귀농귀촌을 통해 인생 2막을 꿈꾸는 모든 분들께 현실적 통찰과 희망의 청사진이 동시에 되기를 소망합니다!

'행복에너지' 의 해피 대한민국 프로젝트!

〈모교 책 보내기 운동〉

대한민국의 뿌리, 대한민국의 미래 청소년·청년들에게 책을 보내주세요.

많은 학교의 도서관이 가난해지고 있습니다. 그만큼 많은 학생들의 마음 또한 가난해지고 있습니다. 학교 도서관에는 색이 바래고 찢어진 책들이 나뒹굽니다. 더럽고 먼지만 앉은 책을 과연 누가 읽고 싶어 할까요?

게임과 스마트폰에 중독된 초·중고생들. 입시의 문턱 앞에서 문제집에만 매달리는 고등학생들. 험난한 취업 준비에 책 읽을 시간조차 없는 대학생들. 아무런 꿈도 없이 정해진 길을 따라서만 가는 젊은이들이 과연 대한민국을 이끌 수 있을까요?

한 권의 책은 한 사람의 인생을 바꾸는 힘을 가지고 있습니다. 한 사람의 인생이 바뀌면 한 나라의 국운이 바뀝니다. 저희 행복에너지에서는 베스트셀러와 각종 기관에서 우수도서로 선정된 도서를 중심으로 〈모교 책 보내기 운동〉을 펼치고 있습니다. 대한민국의 미래, 젊은이들에게 좋은 책을 보내주십시오. 독자 여러분의 자랑스러운 모교에 보내진 한 권의 책은 더 크게 성장할 대한민국의 발판이 될 것입니다.

도서출판 행복에너지를 성원해주시는 독자 여러분의 많은 관심과 참여 부탁드리겠습니다.